普通高等教育"十二五"系列教材（高职高专教育）

U0275189

安装工程施工组织与管理

主编　乔晓刚

编写　方　民　张　玲

主审　袁　勇

中国电力出版社

CHINA ELECTRIC POWER PRESS

内 容 提 要

本书为普通高等教育"十二五"系列教材（高职高专教育）。书中详细介绍了安装工程施工组织设计与施工项目管理的相关知识，主要内容包括施工组织概述，流水施工，网络计划技术，安装工程施工组织设计，项目管理概述，施工准备，安装工程施工进度管理、成本管理、质量管理，施工安全、环境管理、文明施工与职业健康管理等。同时，为增强本书实用性，书后附录还给出了机电安装工程施工组织实例。

本书可供普通高等院校建筑设备类专业师生阅读，也可供相关专业工程管理及技术人员使用。

图书在版编目（CIP）数据

安装工程施工组织与管理 / 乔晓刚主编. —北京：中国电力出版社，2015.1（2023.11重印）
普通高等教育"十二五"规划教材. 高职高专教育
ISBN 978-7-5123-6783-8

Ⅰ. ①安… Ⅱ. ①乔… Ⅲ. ①建筑安装－施工组织－高等职业教育－教材②建筑安装－施工管理－高等职业教育－教材 Ⅳ. ①TU758

中国版本图书馆 CIP 数据核字（2014）第 270517 号

中国电力出版社出版、发行

（北京市东城区北京站西街 19 号　100005　http://www.cepp.sgcc.com.cn）
北京天宇星印刷厂印刷
各地新华书店经售

*

2015 年 1 月第一版　　2023 年 11 月北京第十二次印刷
787 毫米×1092 毫米　16 开本　10.75 印张　257 千字
定价 **32.00** 元

前　言

　　安装工程施工组织与管理是高职高专建筑设备工程技术专业、建筑电气专业、给排水专业、楼宇智能化等专业的专业核心课程之一。该课程的主要任务是研究如何将投入到项目施工中的各种资源合理组织起来，使项目施工能有条不紊地进行，从而实现项目既定的质量、成本和工期目标，取得良好的经济效益。通过对该课程进行系统学习，可为从事施工管理打下良好的基础。

　　本书由上篇施工组织设计、下篇施工项目管理两部分组成。全书首先介绍了施工组织设计的概念，再以建设项目机电安装工程施工管理为主线，详细介绍了安装工程施工组织设计的编制方法与施工管理的主要内容，并附有翔实的案例。书中注重施工组织理论与工程实践相结合，突出应用性和实用性；体现出职业教育的性质、任务和培养目标；符合职业教育的课程教学基本要求和有关岗位资格的要求；符合职业教育的特点和规律，具有明显的职业教育特色。

　　本书由浙江建设职业技术学院乔晓刚、方民、张玲编写。其中，第1～8章由乔晓刚编写，第9、10章由方民编写，附录由张玲编写。全书由山东城市建设职业学院袁勇主审。

　　本书编写过程中参考了大量有关的文献资料，在此向各文献的编者表示感谢。

　　由于编者水平有限，书中疏漏之处在所难免，敬请读者及同行批评指正。

编　者

2014 年 10 月

目　录

前言

上篇　安装工程施工组织设计

第1章　施工组织概述 ·· 1
　1.1　建设项目和建设程序 ·· 1
　1.2　施工组织设计概述 ·· 4
　　思考题 ·· 6
第2章　流水施工 ·· 7
　2.1　组织施工的方式与特点 ·· 7
　2.2　流水施工的有关参数 ·· 9
　2.3　流水作业的基本组织方式 ··· 14
　　思考题 ·· 20
　　练习题 ·· 21
第3章　网络计划技术 ·· 22
　3.1　网络计划概述 ·· 22
　3.2　双代号网络计划 ·· 23
　3.3　单代号网络计划 ·· 34
　3.4　双代号时标网络计划 ··· 37
　3.5　网络的优化与进度控制 ·· 39
　　思考题 ·· 47
　　练习题 ·· 47
第4章　安装工程施工组织设计概述 ··· 50
　4.1　安装工程施工组织设计的内容、编制依据和编制程序 ········· 50
　4.2　工程概况和施工特点分析 ··· 54
　4.3　施工方案的选择 ·· 54
　4.4　施工进度计划 ·· 70
　4.5　资源需要量计划 ·· 72
　4.6　施工现场平面布置 ·· 73
　4.7　与其他专业协调施工管理计划 ·· 73
　　思考题 ·· 74

下篇 安装工程施工项目管理

第 5 章 项目管理概述 ·· 75

5.1 建设项目管理 ·· 75

5.2 施工项目管理 ·· 76

第 6 章 施工准备 ·· 80

6.1 施工准备工作的基本任务和内容 ································ 80

6.2 季节性施工准备 ·· 84

思考题 ·· 85

第 7 章 安装工程施工进度管理 ·· 86

7.1 进度管理概述 ·· 86

7.2 工程项目进度监测 ·· 88

7.3 工程项目进度调整 ·· 91

7.4 工程工期索赔 ·· 92

思考题 ·· 94

第 8 章 安装工程施工成本管理 ·· 95

8.1 成本管理概述 ·· 95

8.2 施工成本计划 ·· 99

8.3 施工成本控制 ·· 101

8.4 工程费用索赔 ·· 103

8.5 工程价款结算管理 ·· 108

思考题 ·· 111

第 9 章 安装工程施工质量管理 ·· 112

9.1 工程质量及工程质量管理内容 ···································· 112

9.2 施工质量管理体系 ·· 113

9.3 施工质量管理 ·· 114

9.4 影响施工质量的因素及施工质量事故处理 ······················ 119

思考题 ·· 123

第 10 章 施工安全、环境管理、文明施工与职业健康管理 ············ 124

10.1 施工安全管理 ·· 124

10.2 施工环境管理 ·· 132

10.3 文明施工 ·· 135

10.4 职业健康管理 ·· 136

思考题 ·· 138

附录 机电安装工程施工组织实例 ······································ 139

参考文献 ·· 164

上篇　安装工程施工组织设计

第1章　施工组织概述

1.1　建设项目和建设程序

1.1.1　建设项目

1.1.1.1　建设项目的概念

项目是指一系列具有特定目标，即有明确开始和终止日期，在资金有限的条件下，消耗资源的活动和任务。

建设项目，也称基本建设项目，是指在一个总体设计中，建成后具有完整的系统，可以独立地形成生产能力或者使用价值的建设工程。凡属于一个总体设计中的主体工程和相应的附属配套工程、综合利用工程、环境保护工程、供水供电工程都统作为一个建设项目；凡不属于一个总体设计，经济上分别核算，工艺流程上没有直接联系的几个独立工程，应分别列为几个建设项目，如民用建设中的一个居民区、一幢住宅、一所学校，工业建设中的一个工厂、一座矿山等均为一个建设项目。

按照建设项目分解管理的需要，可将建设项目分解为单项工程、单位工程（子单位工程）、分部工程（子分部工程）、分项工程和检验批。

1.1.1.2　建设项目的类型

为了管理和分析研究的需要，建设项目可以从不同的角度进行分类。建设项目的具体分类主要有以下几种：

（1）按建设项目的建设阶段分类。按建设项目的建设阶段不同，一般可以分为预备项目、筹建项目、施工项目、建成投产项目等。

（2）按建设项目的建设性质分类。按建设项目的建设性质不同，一般可以分为新建项目、扩建项目、改建项目、迁建项目和恢复项目等。

（3）按建设项目的土建工程性质分类。按建设项目的土建性质不同，一般可以分为房屋建筑工程项目、土木建筑工程项目（如公路、桥梁、水利工程等）、工业建筑工程项目（如化工厂、纺织厂、汽车制造厂等）。

（4）按建设项目的使用性质分类。按建设项目的使用性质不同，一般可以分为公共工程项目（如城市给排水、医疗保健设施、市政建设工程等）、生产性建设项目（如各类工厂）、服务性建设项目（如宾馆、商场、饭店等）和生活设施建设项目。

1.1.1.3　建设项目的特点

建设项目是项目的一种，具备项目的一切特征，但它又有自己的特殊性。研究并掌握建设项目的特殊性，对正确进行建设项目的管理非常重要。

建设项目的特点主要通过其成果建筑产品和建筑产品的生产过程两方面的特点体现。

1．建筑产品的特点

（1）固定性。一般的工业产品可以在加工场所之间、加工场所与使用地点之间移动，而建筑产品只能固定在使用地点。不论是在生产过程中，还是在使用过程中，建筑产品只能在固定的地点建造和使用，这是建筑产品与一般工业产品最大的不同。

（2）综合性。建筑产品是由许多材料、半成品和成品经加工装配而形成的综合物。它是许多个人和单位分工协作、共同劳动的成果，是由许多具备不同功能的建筑物组成的有机整体。

（3）体积庞大、结构复杂。建筑产品一般是具有多功能的产品，从空间上看，可以容纳很多人和物；从结构上看，由多个单位或分部、分项工程构成。因此，建筑产品体积庞大、结构复杂。

（4）多样性。由于建筑物的使用功能及用途不一，建筑规模、建筑设计、结构类型等也各不相同。即使是同一类型的建筑物，也因环境条件、使用人员、城市规划等因素而彼此有所区别。因此，建筑产品是丰富多彩、多种多样的，建筑产品的多样性决定了它不能像一般工业产品那样进行批量生产。

2．建筑产品生产的特点

建筑产品的特点决定了建筑产品生产的特点，即建筑施工的特点：

（1）生产周期长。由于建筑产品体积庞大，生产中要消耗大量的人力、物力和财力，由众多的人和部门相互配合、共同劳动，按照合理的施工顺序，科学地进行生产活动，经过较长时间的加工才能完成，因此，建筑产品的生产周期一般较长，短则数月，长则几年甚至数十年。

（2）流动性。建筑产品的固定性决定了用于施工的生产人员、生产资料及相应的工艺设施，不仅要随着建筑物建造地点的变更而流动，还要随着建筑物施工部位的改变而在不同的建筑物内部空间流动。这就要求每变换一个新的施工地点，施工单位都要对当地的环境和施工现场进行重新调查，根据工程对象的不同特点重新布置施工方式和方法。

（3）单件性。由于使用者对建筑产品的用途、功能、外形和地点等的不同要求，建筑产品通常进行单独设计与施工。即使是同一类型的工程或设计，在不同的地区、季节及现场条件下，施工准备工作、施工工艺和方法也不尽相同，所以建筑产品只能是单件建造，而不能使用通用定型的施工方案重复生产。这就要求在施工组织管理中，应根据建筑产品建造的具体情况考虑设计要求、工程特点、工程条件等因素，制定出可行的施工组织方案。

（4）复杂性。由于建筑产品的综合性、体积庞大、结构复杂，建筑施工的流动性和单件性，各建筑物的工程量、劳动量差异较大；露天作业、高空作业，受到风、霜、雨、雪、温度等气候条件的影响；地下作业，受到工程地质、水文条件变化，以及地理条件和地域资源的影响；此外，诸多的外部影响对工程进度、工程质量、建造成本等都有很大影响。这就要求在施工组织管理中针对各种变化的可能性进行预测，制定合理的质量保证措施、安全保证措施、季节性施工措施等，结合建筑企业组织的一般原则，科学组织施工，最大限度地节约人力、物力、财力，确保工程质量，合理缩短施工周期，使生产有序进行，全面完成施工任务。

1.1.2　建设程序

建设程序是建设项目在整个建设过程中各项工作必须遵循的先后顺序，是拟建建设项目在整个建设过程中必须遵循的客观规律，也称基本建设程序。这个程序既不能违反，也不能颠倒，但在具体工作中有互相平行交叉的情况。基本建设程序，一般可划分为项目建议书、可行性研究、初步设计、施工图设计、施工准备、建筑安装施工、生产准备、竣工验收、后评价 9 个阶段。

1.1.2.1　项目建议书阶段

项目建议书是业主单位向国家提出的要求建设某一建设项目的建议文件，是对建设项目的轮廓设想，是从拟建项目的必要性、建设条件的可行性及获利的可能性方面加以考虑的。根据国民经济中长期发展规划和产业政策，由审批部门审批，并据此开展可行性研究工作。

1.1.2.2　可行性研究阶段

项目建议书经批准后，即进行可行性研究工作。可行性研究是项目决策的核心，是对建设项目在技术上、工程上和经济上是否可行进行科学分析和论证工作，是技术经济的深入论证阶段，为项目决策提供依据。

可行性研究报告经批准后，建设项目才算正式"立项"。可行性研究是初步设计的依据，不得随意修改和变更。如果在建设规模、产品方案、建设地区、主要协作关系等方面有变动以及突破投资控制数额时，应经原批准机关同意。

1.1.2.3　初步设计阶段

初步设计是根据批准的可行性研究报告所提出的内容进行概略性设计，做初步的实施方案，进一步论证在指定的地点、时间和投资控制数额内，拟建项目在技术上的可能性和经济上的合理性，并通过对工程项目所作出的基本技术经济规定，编制项目总概算。

初步设计经批准后，不得随意改变建设规模、建设地址、主要工艺过程、主要设备和总投资等控制指标。如果拟建项目技术上比较复杂而又缺乏设计经验，可在初步设计阶段后加技术设计。

技术设计是在初步设计的基础上，根据更详细的调查研究资料，进一步确定建筑、结构、工艺、设备等的技术要求，解决初步设计中的重大技术问题，修正总概算。

1.1.2.4　施工图设计阶段

施工图设计必须具体、完整地表现建筑物外形、内部空间分割、构造状况以及建筑群的组成和周围环境的配合，具有详细的构造尺寸。同时，它还包括各种运输、通信、管道系统及建筑设备的设计。完成建筑、结构、水、电、暖、管道以及道路等全部施工图纸，工程说明书及施工图预算。

1.1.2.5　施工准备阶段

施工准备工作在可行性研究报告获得批准后就可着手进行。通过技术、物资和组织方面的准备，为工程施工创造有利条件，使建设项目能连续、均衡、有节奏地进行。其主要内容包括：①征地、拆迁和场地平整；②完成施工用水、电、路等工程；③组织设备、材料订货；④准备必要的施工图纸；⑤组织施工招标投标，择优选定施工单位。

1.1.2.6　建筑安装施工阶段

建筑安装施工阶段是将计划和设计文件变为实物的过程，是基本建设程序中的一个重要环节。建筑安装施工应按设计要求、合同条款、预算投资、施工程序和顺序、施工组织设计，在保证质量、工期、成本、安全等目标的前提下进行，最终达到验收合格的目的。

1.1.2.7　生产准备阶段

生产准备是项目投产前由建设单位进行的一项重要工作。它是连接建设和生产的桥梁，是项目建设转入生产经营的必要条件。生产准备工作的内容根据工程项目类型的不同而有所区别，一般应包括：组建生产经营机构，制定生产管理制度和有关规章；招收和培训生产、管理人员，提高生产、管理人员的综合素质；做好生产技术、物资资料及其他必需的生产准备。

1.1.2.8　竣工验收阶段

当工程项目按设计文件的规定内容和施工图纸的要求建完后，便可组织验收。竣工验收是工程建设过程的最后一环，是全面考核基本建设成果、检验设计和工程质量的重要步骤。是投资成果转入生产或使用的标志。

1.1.2.9　后评价阶段

建设项目后评价是指项目建成投产并达到设计生产能力后，通过对项目前期工作、项目实施、项目营运情况的综合研究，衡量和分析项目的实际情况与预测情况的差距，分析其原因，吸取教训，提出建议，不断提高项目决策水平和投资效果。项目后评价一般分为项目法人的自我评价、项目行业的评价和主要投资方的评价三个层次组织实施。项目后评价的主要内容为：①影响评价，即对项目投产后各方面的影响进行评价；②经济效益评价，即对投资效益、财务效益、技术进步、规模效益、可行性研究深度进行评价；③过程评价，即对项目立项、设计、施工、建设管理、竣工投产、生产运营等全过程进行评价。

1.2　施工组织设计概述

随着建筑设备安装工程工业化的发展，其标准化、专业化、装配化和机械化程度逐步提高，建筑设备安装工程施工的相互依赖关系也日益繁杂，各施工单位和施工部门必须在统一指挥下组成一个有机整体，采用科学的管理方法管理和指挥生产。为适应建筑设备安装工程施工的不断发展，用以组织生产的科学管理方法就是施工组织。因此，施工组织设计就是以施工项目为对象进行编制的，用以指导建设全过程中各项施工活动的技术、经济、组织、协调和控制的综合性文件。

通过施工组织设计，可以有机地把施工生产活动中的现场管理五大要素（人、材料、机械、方法、环境）科学地组织好，以实现工期、质量、成本、环境等方面的最优化；正确地处理好五大要素中各不同要素间或相同要素间的各种矛盾，使整个施工活动做到各要素资源较均衡，工序有衔接的施工，以达到工期短、消耗低、质量高、安全文明、环保施工的效果。

1.2.1　施工组织设计的作用

（1）施工组织设计是实行施工现场科学管理的重要手段和措施。通过编制施工组织设计，可以全面考虑项目的各种施工条件，制定合理的施工方案，采取技术经济和组织措施，制订最优的进度计划；提供最优的临时设施以及材料和机具在施工场地上的布置方案，保证施工的顺利进行。

（2）施工组织设计为统筹安排和协调施工中的各种关系服务。它把拟建工程的设计与施工、技术与经济、施工企业的全部施工安排与具体工程的施工组织工作更紧密地结合起来，同时把直接参加施工的各协作单位之间及各施工阶段和过程之间的关系更好地协调起来。

（3）施工组织设计为基本建设工作决策提供依据。它为拟建工程的设计方案在经济上的合理性、技术上的科学性和实际施工中的可能性提供论证依据，为建设单位编制基本建设划和施工企业编制施工计划提供依据。

（4）施工组织设计可以提高施工的预见性，减少盲目性。通过编制施工组织设计，可以分析施工中的风险和矛盾，及时研究解决问题的对策、措施，从而提高了施工的预见性，减少了盲目性。施工组织设计是编制施工预算和施工计划的主要依据，是施工单位合理组织施工和加强项目管理的重要措施。

1.2.2　施工组织设计的任务

施工组织设计是用来指导拟建工程施工全过程中各项活动的技术、经济和组织的综合性文件，是对施工活动的全过程进行科学管理的重要手段。

要使施工建立在科学、合理的基础之上，从而做到人尽其力、物尽其用，同时优质、安全、低耗、高效地完成工程施工任务，取得最好的经济效益和社会效益，必须有科学的施工组织设计，合理地解决好一系列问题。施工组织设计的具体任务为：

（1）确定开工前必须完成的各项准备工作。

（2）计算工程数量，合理部署施工力量，确定劳动力、机械台班、各种材料、构件等的需用量和供应方案。

（3）确定施工方案，选择施工机具。

（4）安排施工顺序，编制施工进度计划。

（5）确定工地上的设备停放场、料场、仓库、办公室。

此外，施工的总方案可以是多种多样的，应该根据工程具体的任务特点、工期要求、劳动力数量及技术水平、机械装备能力、材料供应，以及构件生产、运输能力、地质、气候等自然条件和技术条件进行综合分析，从几个方案中反复比较，选择出最理想的方案，形成指导施工生产的技术经济文件——施工组织设计。施工组织设计本身是施工准备工作，同时又是指导施工准备工作、全面指导施工生产活动、控制施工进度、进行劳动力和机械调配的基本依据。

1.2.3　施工组织设计的一般原则

1. 科学合理地安排施工顺序

虽然建筑产品的生产具有单件性，其施工顺序会随工程性质、施工条件和使用要求的不同而有所不同，但是，仍然可以找出可以遵循的规律，主要有：

（1）先进行准备工程施工，后进行正式工程施工。不是指所有准备工作都完全做好才能开始正式工程的施工，而是只要准备工作能基本满足正式工程开工的需要即可。

（2）正式工程施工应先进行全场性工程，然后进行各个工程项目的施工。全场性工程主要是指管线铺设、道路铺设等。

（3）永久性工程要尽量和临时工程相结合。系统地考虑临时工程施工，减少临时工程的施工，以降低临时工程费。例如，一些可供施工期间使用的永久性设施可以先施工，供施工时使用。

（4）单位工程或单项工程的施工，既要考虑空间顺序，也要考虑工种顺序。空间顺序解决施工的走向问题，工种顺序解决时间上的搭接问题。应充分利用工作面，争取时间。

2. 提高预制装配程度

积极采用先进技术，逐步提高预制装配程度。根据设计要求和实际可能，积极而稳妥地采用新技术、新工艺、新材料和成熟的先进施工方法，以提高劳动效率，降低工程成本。

3. 采用先进的施工技术和科学的组织方法

采用先进和适合自身特点的施工技术，应用科学的组织方法，合理选择施工方案。先进的施工技术可以提高劳动生产率，改善工程质量，加快工程进度，降低工程成本。因此，在编制施工组织设计时，应根据具体的施工条件和自身的技术力量，广泛采用国内外先进的施工技术。在施工组织方面，尽量使用被国内外施工实践所证明的行之有效的组织方法——流水作业方法和网络计划技术。

1.2.4 施工组织设计的分类

1.2.4.1 按编制阶段分

工程施工组织设计按编制阶段的不同，可以划分为工程投标前编制的施工组织设计和工程中标、签订施工合同后编制的施工组织设计两类。前者满足编制投标书和签订施工合同的需要，后者满足施工项目施工准备和施工的需要。两类施工组织设计的特点和区别见表1-1。

表 1-1   两类施工组织设计的特点和区别

种类	编制时间	编制者	服务范围	主要特征	追求的主要目标
投标前设计	投标书编制前	企业管理层	投标至签约	规划性	中标和经济效益
中标后设计	签约后开工前	项目管理层	自施工准备至竣工验收	作业性	施工效率和效益

1.2.4.2 按施工组织设计的工程对象分

1. 施工组织总设计

施工组织总设计是以整个建设项目或群体项目为对象，在总承包企业技术负责人的领导下进行编制的，是整个建设项目或群体工程施工的全局性、指导性文件。它以批准的初步设计或扩大初步设计为主要依据，其最主要的作用是为施工单位进行现场性施工准备工作和组织物资、技术供应提供依据；同时还可以用来确定设计方案施工的可能性和经济合理性，为建设单位和施工单位编制计划提供依据。

2. 单位工程施工组织设计

单位工程施工组织设计是以单位工程为编制对象，在施工图设计完成后，由直接组织施工的基层单位负责编制。它是具体指导施工的文件，是施工组织总设计的具体化，也是施工企业编制月旬作业计划的基础。

3. 分部（分项）工程施工组织设计

分部（分项）工程施工组织设计是以难度较大、技术复杂的分部（分项）工程或新技术项目为编制对象，由单位工程的技术人员负责编制，用来具体指导这些工程的施工，如大型设备安装工程等。

 思 考 题

1. 什么是建设项目？
2. 简述建设项目的建设程序。
3. 施工组织设计分为哪几类？它们包括哪些主要内容？
4. 编制施工组织设计应遵守哪些原则？

第2章 流 水 施 工

2.1 组织施工的方式与特点

组织施工时，首先遇到的是组织施工的方式问题，对于不同工程施工情况应采取不同的组织方式，一般可采用依次施工、平行施工和流水施工三种方式。现就这三种方式的施工特点和效果举例分析如下。

【例 2-1】 某室外管道安装，分布在三条街道进行，三部分工程量相同。此管道安装的主要施工由管沟开挖、管道铺设、管沟回填等 3 个步骤完成，每个步骤的施工天数均为 4 天。其中，管沟开挖工作队由 3 人组成，铺设管道工程队由 6 人组成，管沟回填工作队由 3 人组成。

2.1.1 依次施工

依次施工组织方式是将拟建工程项目的整个建造过程分解成若干个施工过程，按照一定的施工顺序，前一个施工过程完成后，后一个施工过程才开始施工；或前一个工程完成后，后一个工程才开始施工。它是一种最基本、最原始的施工组织方式。[例 2-1] 中工程如按照依次施工组织方式，则其施工进度计划如图 2-1 所示。

施工过程	施工天数（天）	班组人数（人）	施工进度(天)								
			4	8	12	16	20	24	28	32	36
管沟开挖	4	3									
管道铺设	4	6									
管沟回填	4	3									

图 2-1 依次施工进度图

由图 2-1 可以看出，依次施工组织方式具有以下特点：

(1) 由于没有充分利用工作面去争取时间，因此工期长。

(2) 工作队及工人不能连续作业。

(3) 单位时间内投入的资源较少，如最多不超过 6 人。

(4) 施工现场的组织、管理比较简单。

2.1.2 平行施工

在拟建工程任务十分紧迫、工作面允许以及资源保证供应的条件下，可以组织几个相同的工作队，在同一时间、不同的空间上进行施工，这样的施工组织方式称为平行施工组织方式。在 [例 2-1] 中，如果采用平行施工组织方式，其施工进度计划如图 2-2 所示。

由图 2-2 可以看出，平行施工组织方式具有以下特点：

(1) 充分利用了工作面，争取了时间，可以缩短工期。

(2) 工作队及其工人不能连续作业。

(3) 单位时间内投入的资源量成倍增长，如最高峰达 18 人。

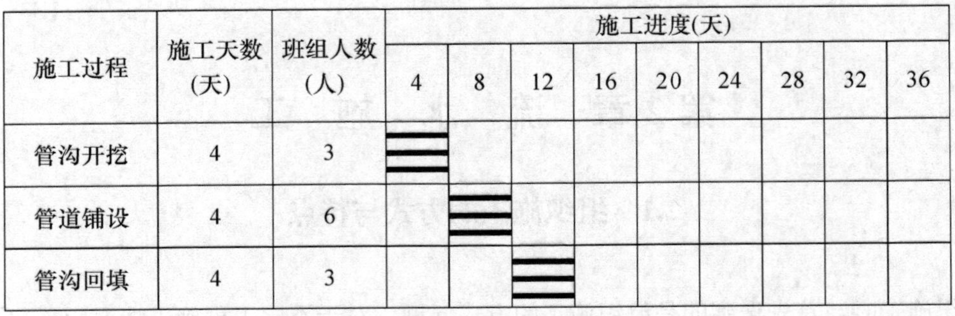

施工过程	施工天数(天)	班组人数(人)	施工进度(天)								
			4	8	12	16	20	24	28	32	36
管沟开挖	4	3	▬								
管道铺设	4	6		▬							
管沟回填	4	3			▬						

图 2-2　平行施工进度图

（4）施工现场的组织、管理复杂。

2.1.3　流水施工

安装工程的施工是由许多个施工过程组成的，每一个施工过程都可以组织一个或多个施工班组来完成，而各个班组都需要安排其施工的先后顺序和时间。流水施工是一种科学地安排生产过程的组织方法。

安装工程的流水施工是工业生产中流水作业在建筑施工中的应用。然而，建筑工程流水施工与一般工业产品的流水作业生产线不同。其区别在于：在工业生产中，生产工人和设备是固定的，产品是流动的；在工程流水施工中，建筑产品是固定的，而生产工人和设备随着工作内容在建筑物内流动。

流水施工组织方式是将拟建工程项目的整个建造过程分解成若干个施工过程，也就是在工艺流程上划分成若干个工序；同时将拟建工程项目在空间上划分成若干个劳动量大致相等的施工段；按照施工过程分别建立相应的专业工作队；各专业工作队按照一定的施工顺序投入施工，完成第一个施工段上的施工任务后，在专业工作队的人数、使用的机具和材料不变的情况下，依次、连续地投入到第二、第三……直到最后一个施工段的施工，在规定的时间内，完成同样的施工任务；保证拟建工程项目的施工全过程在时间上、空间上，有节奏、连续、均衡地进行下去，直到完成全部施工任务。在［例 2-1］中，如果采用流水施工组织方式，其施工进度计划如图 2-3 所示。

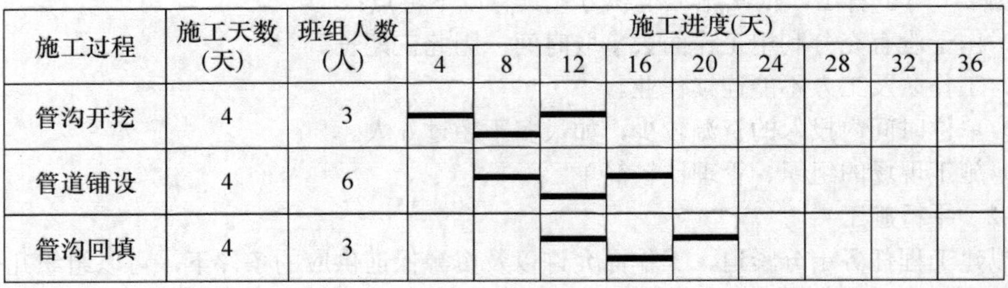

施工过程	施工天数(天)	班组人数(人)	施工进度(天)								
			4	8	12	16	20	24	28	32	36
管沟开挖	4	3	▬	▬	▬						
管道铺设	4	6		▬	▬	▬					
管沟回填	4	3			▬	▬	▬				

图 2-3　流水施工进度图

由图 2-3 可以看出，与依次施工、平行施工相比较，流水施工组织方式具有以下特点：

（1）科学地利用了工作面，争取了时间，工期比较合理。

（2）专业工作队及其工人能够连续作业，使相邻的专业工作队之间实现了最大限度的合理的搭接。

（3）单位时间投入施工的资源量较为均衡，有利于资源供应的组织工作。

（4）为现场的科学管理创造了有利条件。

2.2　流水施工的有关参数

在组织拟建工程项目流水施工时，用以表达流水施工在工艺流程、空间布置和时间安排等方面开展状态的参数，称为流水参数。流水参数主要包括工艺参数、空间参数和时间参数三类，详见图 2-4。

2.2.1　工艺参数

常用的工艺参数为施工过程数，指拟建工程项目的整个建造过程可分解为若干个施工过程，一般用"n"表示。每一个施工过程的完成，都必须消耗一定量的劳动力、建筑材料，且需建筑设备、机具相配合，并且需消耗一定的时间和占有一定范围的工作面。

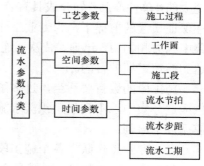

图 2-4　流水参数分类

施工过程是对某项工作由开始到结束的整个过程的泛称，其内容有繁有简，通常以施工计划的性质、劳动组织和作业内容为依据进行划分。因此，施工过程是流水施工中最主要的参数，施工过程划分的数目多少、粗细程度一般与下列因素有关。

1.　施工计划的性质和作用

对规模大、结构复杂和工期长的工程施工控制性进度计划，其施工过程划分可粗些，综合性大些。对中小型单位工程及工期不长的工程施工实施性计划，其施工过程划分可细些、具体些，一般划分至分项工程。对月度作业性计划，有些施工过程还可分解工序。

2.　劳动组织及劳动量大小

施工过程的划分与施工班组及施工习惯有关。如管道安装与管道油漆施工可合也可分，因为有混合班组，也有单一工种的班组。施工过程的划分还与劳动量大小有关。劳动量小的施工作业内容，当组织流水施工有困难时，可与其他施工过程合并。如垫层劳动量较小时，可与挖土合并为一个施工过程，这样可以使各个施工过程的劳动量大致相等，便于组织流水施工。

3.　作业内容和范围

施工过程的划分与其作业内容和范围有关。如直接在施工现场与工程对象上进行的作业内容，可以划入流水施工过程，而场外作业内容可以不划入流水施工过程。

2.2.2　空间参数

在组织流水施工时，用以表达流水在空间布置上所处状态的参数，称为空间参数。空间参数主要有工作面和施工段。

2.2.2.1　工作面

工作面是指安排专业工人进行施工操作所需的活动空间。在施工作业时，无论是人工还是机械，都需有一个最佳的工作空间才能发挥其最佳效率。最小工作面对应安排的施工人数和机械数是最多的。它决定了某个专业队伍的人数及机械数的上限，会直接影响到某个工序的作业时间，因而工作面确定是否合理，直接关系到作业效率和作业时间。

2.2.2.2　施工段

为了有效地组织流水施工，通常把拟建工程项目在平面上划分成若干个劳动量大致相等的施工段落，这些施工段落称为施工段。施工段的数目通常用"m"表示，它是流水施工的基本参数之一。

一般情况下，一个施工段内只安排一个施工过程的专业工作队进行施工。划分施工段是组织流水施工的基础。由于建筑产品生产的单件性，可以说它不适于组织流水施工，但是，建筑产品体形庞大的固有特征，又为组织流水施工提供了空间条件。因此，可以把一个体形庞大的"单件产品"划分成具有若干个施工段的"批量产品"，使其满足流水施工的基本要求。在保证质量的前提下，为专业工作队确定合理的空间活动范围，使其按照流水施工的原理，集中人力和物力，迅速、依次、连续地完成各段任务，为相邻专业工作队尽早地提供工作面，达到缩短工期的目的。

施工段的数目要适当，过多了，势必要减少工人数而延长工期；过少了，又会造成资源供应过分集中，不利于组织流水施工。因此，为了使施工段划分得更科学、更合理，通常应遵循以下原则：

（1）专业工作队在各个施工段上的劳动量要大致相等。

（2）施工段的数目，要满足合理流水施工组织的要求，即 $m>n$，这样可保证相应的专业工作队在施工段之间，组织有节奏、连续的流水施工。

（3）为了充分发挥工人、主导机械的效率，每个施工段要有足够的工作面，使其所容纳的劳动力人数或机械台数，能满足合理劳动组织的要求。

2.2.3　时间参数

在组织流水施工时，用以表达流水施工在时间排列上所处状态的参数，称为时间参数。时间参数包括流水节拍、流水步距、平行搭接时间、间歇时间和流水工期五种。

2.2.3.1　流水节拍

在组织流水施工时，每个专业工作队在各个施工段上完成相应的施工任务所需要的工作延续时间，称为流水节拍。通常以 t_i 表示，它是流水施工的基本参数之一。

流水节拍的大小，可以反映出流水施工速度的快慢、节奏感的强弱和资源消耗量的多少。根据其数值特征，一般可将流水施工分为等节拍专业流水、异节拍专业流水和无节奏专业流水等施工组织方式。

影响流水节拍数值大小的因素主要有：项目施工时所采取的施工方案，各施工阶段投入的劳动力人数或施工机械台数，工作班次，以及该施工段工程量的多少。其数值的大小，可按以下方法进行确定。

1. 定额计算法

根据各施工段的工程量及能够投入的资源量（工人数、机械台数和材料量等），按以下公式进行计算，即

$$t_i = \frac{Q_i}{S_i R_i N_i} = \frac{P_i}{R_i N_i} \tag{2-1}$$

式中　t_i——某专业工作队在第 i 施工段的流水节拍；

　　　Q_i——某专业工作队在第 i 施工段要完成的工程量；

　　　S_i——某专业工作队的计划产量定额；

P_i——某专业工作队在第 i 施工段需要的劳动量或机械台班数量；

R_i——某专业工作队投入的工作人数或机械台数；

N_i——某专业工作队的工作班次。

式（2-1）中，S_i 最好是本项目部的实际水平。

2. 工期计算法

对某些施工任务在规定日期内必须完成的工程项目，往往采用倒排进度法。具体步骤如下：

（1）根据工期倒排进度，确定某施工过程的工作持续时间。

（2）确定某施工过程在某施工段上的流水节拍。若同一施工过程的流水节拍不等，则用估算法；若流水节拍相等，则按以下公式计算，即

$$t = \frac{T}{m} \tag{2-2}$$

式中 t——流水节拍；

T——某施工过程的工作持续时间；

m——某施工过程划分的施工段数。

当施工段数确定后，流水节拍大，则工期相应地就长。因此，从理论上讲，总是希望流水节拍越小越好。但实际上由于受工作面的限制，每一施工过程在各施工段上都有最小的流水节拍，工期计算出的节拍应大于最小流水节拍。

2.2.3.2 流水步距

在组织流水施工时，相邻两个专业工作队在保证施工顺序，满足连续施工，最大限度地搭接和保证工程质量要求的条件下，相继投入同一施工段的最小时间间隔，称为流水步距。流水步距以 $K_{i,i+1}$ 表示，它是流水施工的基本参数之一。

1. 确定流水步距的基本要求

（1）满足主要施工班组连续施工，不发生停工、窝工现象。

（2）满足施工工艺要求。

（3）满足最大限度搭接的要求。

（4）满足保证工程质量、安全、成品保护的需要。

2. 流水步距的计算

（1）同一施工过程在各施工段上的流水节拍相等的情况。在流水施工中，如果同一施工过程在各施工段上的流水节拍相等，则各相邻施工过程之间的流水步距可按下式计算

$$K_{i,i+1} = \begin{cases} t_i + (t_j + t_z - t_d) & (t_i \le t_{i+1}) \\ mt_i - (m-1)t_{i+1} + (t_j + t_z - t_d) & (t_i > t_{i+1}) \end{cases} \tag{2-3}$$

式中 $K_{i,i+1}$——第 i 和第 $i+1$ 个施工过程之间的流水步距；

t_i——第 i 个施工过程的流水节拍；

t_j——第 i 个施工过程与第 $i+1$ 个施工过程之间的技术间歇时间；

t_z——第 i 个施工过程与第 $i+1$ 个施工过程之间的组织间歇时间；

t_d——第 $i+1$ 个施工过程与第 i 个施工过程之间的平行搭接时间；

m——施工段数。

【例 2-2】　某工程划分为 A、B、C、D 4 个施工过程，分 4 个施工段组织流水施工。各施工过程的流水节拍分别为 t_A=4 天、t_B=5 天、t_C=3 天、t_D=3 天；施工过程 B 完成后需有 2 天的技术间歇时间，施工过程 C 完成后有 1 天的组织间歇时间。试求各施工过程之间的流水步距。

解：根据上述条件，各流水步距计算如下：

因为　　　　　　　　　　　　　　　$t_A \leqslant t_B$，t_j=0、t_z=0、t_d=0

所以　　　　　　　　　　　$K_{A,B}=t_A+(t_j+t_z-t_d)=4+(0+0-0)=4$（天）

因为　　　　　　　　　　　　　　　$t_B>t_C$，t_j=2、t_z=0、t_d=0

所以　　$K_{B,C}=m\,t_B-(m-1)t_C+(t_j+t_z-t_d)=4\times5-(4-1)\times3+(2+0-0)=13$（天）

因为　　　　　　　　　　　　　　　$t_C=t_D$，t_j=0、t_z=1、t_d=0

所以　　　　　　　　　　　$K_{C,D}=t_C+(t_j+t_z-t_d)=3+(0+1-0)=4$（天）

（2）大差法。大差法简称累加数列法。此法通常在计算等节拍、无节奏的专业流水中较为简捷、准确，其计算步骤如下：

1）累加数列。根据专业工作队在各施工段上的流水节拍，求累加数列。

2）错位相减。根据施工顺序，对所求相邻的两个累加数列，错位相减。

3）取大差。相减得到的结果中数值最大者为相邻专业工作队之间的流水步距。

【例 2-3】　某项目由四个施工过程组成，分别由 A、B、C、D 4 个专业工作队完成，划分成 4 个施工段，每个专业工作队在各施工段上的流水节拍如表 2-1 所示。试确定相邻专业工作队之间的流水步距。

表 2-1　　　　　　　　　　　　某 项 目 流 水 节 拍　　　　　　　　　　　　天

工　作　队	施　工　段			
	一	二	三	四
A	3	4	2	3
B	2	4	3	2
C	3	2	4	4
D	2	2	3	4

解：（1）求各专业工作队的累加数列

A：3，7，9，12

B：2，6，9，11

C：3，5，9，13

D：2，4，7，11

（2）错位相减

　　A–B　　　　3，7，9，12

　　　–　　　　　　2，6，9，11

　　　　　　　　3，5，3，3，–11

　　B–C　　　　2，6，9，11

　　　–　　　　　　3，5，9，13

　　　　　　　2，3，4，2，–13

C–D	3，5，9，13
–	2，4，7，11

3，3，5，6，–11

（3）求流水步距

$$K_{A,B}=\max\{3，5，3，3，-11\}=5（天）$$

$$K_{B,C}=\max\{2，3，4，2，-13\}=4（天）$$

$$K_{C,D}=\max\{3，3，5，6，-11\}=6（天）$$

2.2.3.3　平行搭接时间

在组织流水施工时，有时为了缩短工期，在工作面允许的条件下，如果前一个专业工作队完成部分施工任务后，能够为后一个专业工作队提供工作面，使后者提前进入前一个施工段，两者在同一施工段上同时施工，这个搭接的时间就称为平行搭接时间，通常以 t_d 表示。

2.2.3.4　间歇时间

间歇时间分技术间歇时间和组织间歇时间。

1. 技术间歇时间

在组织流水施工时，除要考虑相邻专业工作队之间的流水步距外，有时根据建筑材料或施工工艺等工艺性质，还要考虑合理的工艺等待间歇时间，这个等待时间称为技术间歇时间，如油漆面的干燥时间等。技术间歇时间以 t_j 表示。

2. 组织间歇时间

在流水施工中，由于施工组织的原因造成的在流水步距以外增加的间歇时间，称为组织间歇时间，如回填土前地下管道检查验收。组织间歇时间以 t_z 表示。

在组织流水施工时，项目经理部对技术间歇时间和组织间歇时间，可根据项目施工中的具体情况分别考虑或统一考虑，但两者的概念、作用和内容是不同的，必须结合具体情况灵活处理。

2.2.3.5　流水工期

流水工期是指一个流水施工中，从第一个施工过程（或专业工作队）开始进入流水施工到最后一个施工过程（或专业工作队）施工结束所需的全部时间。一般采用下式计算：

$$T = \sum K_{i,i+1} + t_n \qquad\qquad （2\text{-}4）$$

式中　　$\sum K_{i,i+1}$ ——流水施工中各流水步距之和；

　　　　t_n ——流水施工中最后一个施工过程的持续时间。

【例 2-4】 求［例 2-2］中工程的工期。

解：［例 2-2］解出的工程流水步距分别为

$K_{A,B}=4$ 天

$K_{B,C}=13$ 天

$K_{C,D}=4$ 天

故该工程的工期 $T=\sum K_{i,i+1} + t_n =(4+13+4)+(3×4)=33（天）$。

【例 2-5】 求［例 2-3］中工程的工期。

解：［例 2-3］解出的工程流水步距分别为

$K_{A,B}=5$ 天

$K_{B,C}$=4 天

$K_{C,D}$=6 天

故该工程的工期 $T=\sum K_{i,i+1}+t_n$ =(5+4+6)+(2+2+3+4)=26（天）。

2.3　流水作业的基本组织方式

专业流水是指在项目施工中为施工某一施工项目产品或其组成部分的主要专业工种，按照流水施工基本原理组织项目施工的一种组织方式。根据各施工过程时间参数的不同特点，专业流水分为等节拍流水、异节拍流水和无节奏流水等几种形式。

2.3.1　等节拍流水

等节拍流水是指同一施工过程在各施工段上的流水节拍都相等，并且不同施工过程之间的流水节拍也相等的流水施工方式，即各施工过程的流水节拍均为常数，故又称全等节拍流水或固定节拍流水。等节拍流水又分等节拍等步距流水和等节拍不等步距流水两类。

2.3.1.1　等节拍等步距流水

1. 基本特点

（1）流水节拍彼此相等，如有 n 个施工过程，流水节拍为 t，则

$$t_1=t_2=\cdots=t_{n-1}=t_n=t（常数）$$

（2）流水步距彼此相等，而且等于流水节拍，即

$$K_{1,2}=K_{2,3}=\cdots=K_{n-1,n}=K=t（常数）$$

（3）每个专业工作队都能够连续施工，施工没空闲。

（4）专业工作队数（n'）等于施工过程数（n）。

2. 工期计算

等节拍等步距流水施工工期计算公式如下

$$T=(n+m-1)t \tag{2-5}$$

式中　T——施工工期；

　　　n——施工过程数；

　　　m——施工段数；

　　　t——流水节拍。

【例 2-6】　某工程划分为 A、B、C、D 4 个施工过程，每个施工过程分 4 个施工段，流水节拍为 3 天。试计算该工程工期，并绘制流水施工进度图。

解：根据已知条件，其计算步骤如下：

（1）确定施工过程数 n=4，施工段数 m=4，流水节拍 t=3（天）。

（2）确定流水工期 $T=(n+m-1)t$ = (4+4-1)×3=21（天）。

（3）绘制流水施工进度图，见图 2-5。

2.3.1.2　等节拍不等步距流水

1. 基本特点

（1）流水节拍彼此相等，如有 n 个施工过程，流水节拍为 t，则

$$t_1=t_2=\cdots=t_{n-1}=t_n=t（常数）$$

（2）流水步距不相等，有的流水步距等于节拍，有的流水步距则不等于节拍。

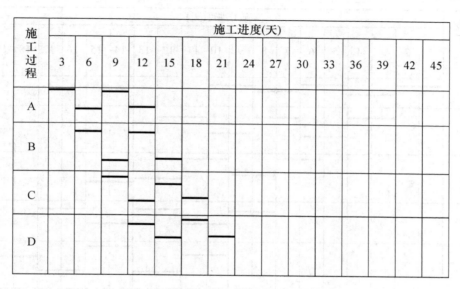

图 2-5 等节拍等步距流水施工进度图

（3）每个专业工作队都能够连续施工，施工没空闲。

（4）专业工作队数（n'）等于施工过程数（n）。

2. 工期计算

等节拍不等步距流水施工工期计算公式如下

$$T=(n+m-1)t+ (t_j+t_z-t_d) \tag{2-6}$$

式中　T —— 施工工期；

　　　n —— 施工过程数；

　　　m —— 施工段数；

　　　t —— 流水节拍；

　　　t_j —— 技术间歇时间；

　　　t_z —— 组织间歇时间；

　　　t_d —— 平行搭接时间。

【例 2-7】 某安装工程划分为 5 个施工段组织流水施工。由 A、B、C、D、E 5 个施工过程组成，施工过程 B 完成后进入下一个施工过程 C 之前需预留 1 天的检验时间，流水节拍均为 2 天。为了保证工作队连续作业，试计算该工程工期，并绘制流水施工进度图。

解：（1）确定流水施工参数

m=5，n=5，t=2 天，t_j=1 天

（2）计算工期

$$T=(m+n-1)t+ (t_j+t_z-t_d)=(5+5-1)\times 2+ (1+0-0)=19 （天）$$

（3）绘制流水施工进度图，详见图 2-6。

2.3.2 异节拍流水

异节拍流水是指同一施工过程在各施工段上的流水节拍都相等，但不同施工过程之间的流水节拍不完全相等的一种流水施工方式。异节拍流水又可分为成倍节拍流水和不等节拍流水。

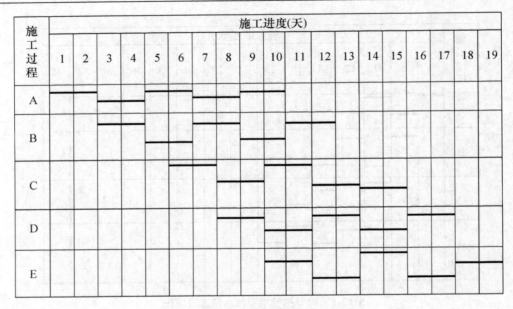

图 2-6 等节拍不等步距流水施工进度图

2.3.2.1 成倍节拍流水

1. 基本特点

（1）同一施工过程在各施工段上的流水节拍相等。

（2）各施工过程的流水节拍均为其中最小流水节拍的整数倍。

（3）各专业工作队都能够保证连续施工，施工段没有空闲。

2. 组织方式

首先根据工程对象和施工要求，划分若干个施工过程；其次根据各施工过程的内容、要求及其工程量，计算各个施工过程在每个施工段所需的劳动量；接着根据施工班组人数及组成，确定劳动量最少的施工过程的流水节拍；最后确定其他劳动量较大的施工过程的流水节拍，用调整施工班组人数或其他技术组织措施的方法，使它们的节拍值分别等于最小节拍的整数倍。

为充分利用工作面，加快施工进度，流水节拍大的施工过程应相应增加班组数。每个施工过程所需施工班组数可用下式确定，即

$$b_i = \frac{t_i}{t_{\min}} \tag{2-7}$$

$$n' = \sum b_i \tag{2-8}$$

式中 b_i——某施工过程所需施工班组数；

t_i——某施工过程的流水节拍；

$t_{\min}$——所有流水节拍中的最小流水节拍；

n'——施工班组总数目。

3. 时间参数计算

流水步距

$$K = t_{\min} \tag{2-9}$$

工期

$$T=(n'+m-1)t_{\min}\qquad\qquad（2\text{-}10）$$

【例 2-8】 已知某管道安装工程划分为 I、II、III、IV 4 个施工段及 A、B、C 3 个施工过程，各施工过程的流水节拍分别为 t_A=4 天、t_B=8 天、t_C=8 天。试组织成倍节拍流水施工。

解：（1）计算流水步距。

最小节拍

$$t_{\min}=4（天）$$

各施工过程专业班组数

$$b_A=\frac{t_A}{t_{\min}}=\frac{4}{4}=1（个）$$

$$b_B=\frac{t_B}{t_{\min}}=\frac{8}{4}=2（个）$$

$$b_C=\frac{t_C}{t_{\min}}=\frac{8}{4}=2（个）$$

总专业班组数

$$n'=\sum b_i=1+2+2=5（个）$$

流水步距

$$K=t_{\min}=4$$

（2）计算工期

$$T=(n'+m-1)t_{\min}=(5+4-1)\times4=32（天）$$

（3）绘制流水施工进度图，见图 2-7。

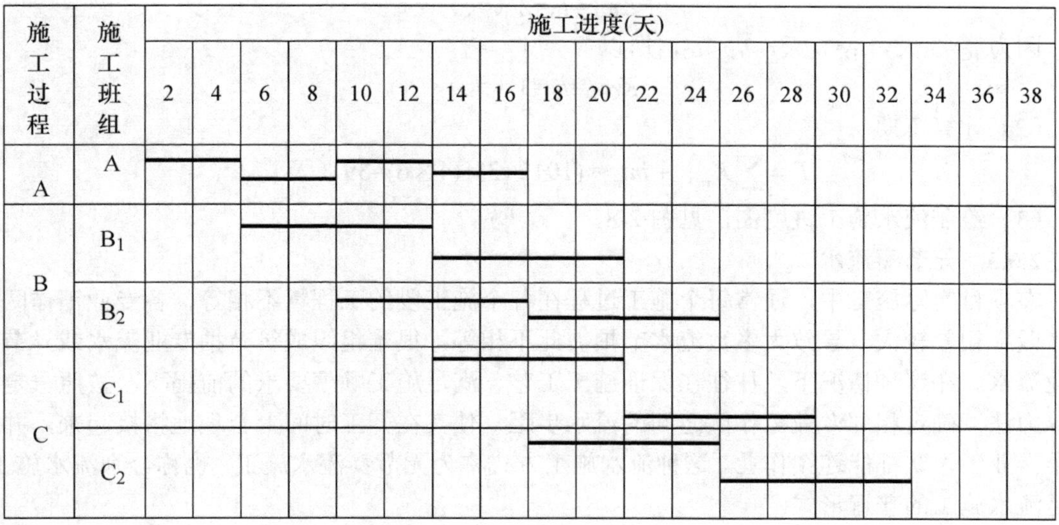

施工过程	施工班组	施工进度(天)																		
		2	4	6	8	10	12	14	16	18	20	22	24	26	28	30	32	34	36	38
A	A																			
B	B_1																			
	B_2																			
C	C_1																			
	C_2																			

图 2-7 成倍节拍流水施工进度图

2.3.2.2　不等节拍流水

1. 基本特点

（1）同一施工过程在各个施工段的流水节拍相等。

（2）不同施工过程之间的流水节拍既不相等也不成倍数。

不等节拍流水实质上是一种不等节拍、不等步距的流水施工，要求各施工班组尽可能依次在各施工段上连续施工，允许有些施工段出现空闲，但不允许多个施工班组在同一施工段交叉作业，更不允许发生工艺顺序颠倒的现象。这种方式在进度安排上比等节拍流水灵活，实际应用范围较为广泛。

2. 时间参数计算

流水步距

$$K_{i,i+1}=\begin{cases}t_i & (t_i\leqslant t_{i+1})\\ mt_i-(m-1)t_{i+1} & (t_i>t_{i+1})\end{cases}\qquad(2-11)$$

工期

$$T=\sum K_{i,i+1}+mt_n$$

式中　　$\sum K_{i,i+1}$——流水施工中各流水步距之和；

　　　　m——某工程的施工段数；

　　　　t_n——流水施工中最后一个施工过程的流水节拍。

【例2-9】　已知某工程划分为Ⅰ、Ⅱ、Ⅲ、Ⅳ4个施工段及A、B、C、D 4个施工过程，各施工过程的流水节拍分别为t_A=4天、t_B=2天、t_C=3天、t_D=6天。试组织流水施工。

解：（1）计算流水步距

因为t_A=4天，t_B=2天，$t_A>t_B$，所以

$K_{A,B}=mt_A-(m-1)t_B=4\times4-(4-1)\times2=10$（天）

因为t_B=2天，t_C=3天，$t_B<t_C$，所以

$K_{B,C}=t_B=2$（天）

因为t_C=3天，t_D=6天，$t_C<t_D$，所以

$K_{C,D}=t_C=3$（天）

（2）计算工期

$$T=\sum K_{i,i+1}+mt_n=(10+2+3)+(4\times6)=39（天）$$

（3）绘制流水施工进度图，见图2-8。

2.3.3　无节奏流水

在项目实际施工中，通常每个施工过程在各个施工段的工程量不相等，各专业工作队的生产效率相差较大，导致大多数流水节拍彼此不相等，很难组织成等节拍专业流水或异节拍专业流水。在这种情况下，往往在保证施工工艺、满足施工顺序要求的前提下，按照一定的计算力法，确定相邻专业工作队之间的流水步距，使其在开工时间上合理地搭接起来，并使每个专业工作队都能连续作业。这种流水施工方式称为无节奏流水施工，也称分别流水施工。它是流水施工的普遍形式。

1. 基本特点

（1）每个施工过程在各个施工段上的流水节拍不完全相等。

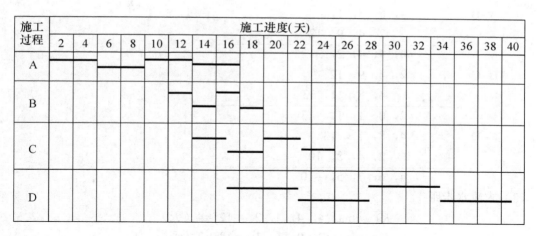

图 2-8　不等节拍流水施工进度图

（2）各专业工作队能连续施工，个别施工段可能有空闲。

（3）专业工作队数等于施工过程数。

2. 时间参数计算

（1）流水步距：采用大差法计算。

（2）工期

$$T = \sum K_{i,i+1} + t_n \tag{2-12}$$

【例 2-10】 已知某工程划分为 Ⅰ、Ⅱ、Ⅲ、Ⅳ 4 个施工段及 A、B、C、D 4 个施工过程，各施工过程在各施工段的流水节拍见表 2-2。试计算流水步距和工期，并绘制流水施工进度图。

表 2-2　　　　　　　　　　　某工程各施工段的流水节拍

施工过程	施 工 段			
	Ⅰ	Ⅱ	Ⅲ	Ⅳ
A	4	2	2	3
B	2	2	5	3
C	4	4	3	2
D	2	2	4	2

解：1. 计算流水步距

（1）求各专业工作队的累加数列

A：4，　6，　8，　11

B：2，　4，　9，　12

C：4，　8，　11，13

D：2，　4，　8，　10

（2）错位相减

A–B	4，6，8，11
–	2，4，9，12
	4，4，4，2，–12
B–C	2，4，9，12
–	4，8，11，13
	2，0，1，1，–13
C–D	4，8，11，13
–	2，4，8，10
	4，6，7，5，–10

（3）求流水步距

$$K_{A, B}=\max\{4，4，4，2，-12\}=4（天）$$
$$K_{B, C}=\max\{2，0，1，1，-13\}=2（天）$$
$$K_{C, D}=\max\{4，6，7，5，-10\}=7（天）$$

2．计算工期

$$T = \sum K_{i,i+1} + t_n = (4+2+7) + (2+2+4+2) =23（天）$$

3．绘制流水施工进度图，见图 2-9。

施工过程	施工进度(天)																						
	1	2	3	4	5	6	7	8	9	10	11	12	13	14	15	16	17	18	19	20	21	22	23
A																							
B																							
C																							
D																							

图 2-9　流水施工进度图

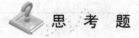

思 考 题

1．组织流水施工的要点有哪些？

2．施工过程的划分与哪些因素有关？

3．施工段划分的基本原则是什么？

4．什么叫做流水节拍与流水步距？确定流水节拍时要考虑哪些因素？

5．组织成倍节拍流水施工的条件是什么？其流水步距如何确定？

6．什么是无节奏流水施工？如何确定其流水步距？

练 习 题

1. 某工程均匀划分为 3 个施工段，有 A、B、C、D 4 个施工过程，设 t_A=4 天、t_B=2 天、t_C=3 天、t_D=2 天。试分别计算依次施工、平行施工及流水施工的工期，并绘制各自的施工进度图。

2. 已知 A、B、C 3 个施工过程在 Ⅰ、Ⅱ、Ⅲ 3 个流水施工段的工程量见表 2-3。试计算流水节拍、流水步距和工期，并绘制流水施工进度图。

表 2-3　　　　　　　　　　　　　　某工程各施工段工程量

施工段	施工过程	工程量（m）	工时定额（工日/m）	劳动量（工日）	班组人数（人）	施工天数（天）
Ⅰ	A	80	0.2		4	
	B	120	0.4		8	
	C	50	0.3		3	
Ⅱ	A	100	0.2		4	
	B	160	0.4		8	
	C	60	0.3		3	
Ⅲ	A	60	0.2		4	
	B	80	0.4		8	
	C	50	0.3		3	

3. 已知某工程划分为 4 个施工过程，分 3 个施工段组织流水施工，流水节拍均为 3 天。在第三个施工过程结束后有 1 天技术间歇时间。试计算其工期并绘制流水施工进度图。

4. 某公司承揽 4 段工程量基本相同的室外管线安装工程，每段安装工程主要的施工过程及所需施工时间分别为：挖管沟 2 天，管道安装 6 天，回填土 2 天，则：

（1）若组织成倍节拍流水施工，试计算工期并绘制流水施工进度图；

（2）若组织不等节拍流水施工，试计算流水步距及工期并绘制流水施工进度图。

5. 某工程的流水节拍如表 2-4 所示，试计算流水步距和工期，并绘制流水施工进度图。

表 2-4　　　　　　　　　　　　　　某工程流水节拍

n	m			
	一	二	三	四
A	2	3	4	3
B	2	3	2	3
C	4	4	3	3
D	3	2	2	3

第3章 网络计划技术

3.1 网络计划概述

3.1.1 网络计划的基本概念

网络计划的基本原理是：首先应用网络图形来表示一项计划（或工程）中各项工作的开展顺序及其相互之间的关系；通过对网络图进行时间参数计算，找出计划中的关键工作和关键线路；通过不断改进网络计划，寻求最优方案，以求在计划执行过程中对计划进行有效的控制与监督，保证合理地使用人力、物力和财力，以最小的消耗取得最大的经济效果。

网络计划的基本模型是网络图。所谓网络图，是指由箭线、节点和线路三元素组成的，用来表示工作流程的有限、有向、有序网络图形。所谓网络计划，是用网络图表达任务构成、工作顺序，并加注工作时间参数的进度计划。

3.1.2 网络计划的优点和缺点

1. 网络计划的优点

（1）网络计划能够清楚地表达各工作之间相互依存和相互制约的关系，使人们可以用来对复杂及难度大的项目系统做出有序而可行的安排，从而产生良好的管理效果和经济效益。

（2）利用网络计划，通过计算，可以找出网络计划的关键线路和非关键线路。

（3）利用网络计划可计算除关键工作外其他工作的机动时间，有利于工作中利用这些机动时间，优化资源强度，调整工作进程，降低成本。

（4）网络计划有利于计算机技术的应用。

2. 网络计划的缺点

网络计划的缺点是进度状况不能一目了然，绘图的难度和修改的工作量都很大，要求应用者有较高的文化水平，识图较困难。

3.1.3 网络计划的分类

1. 按代号的不同区分

（1）双代号网络计划。以箭线及其两端节点的编号表示一项工作的网络图。

（2）单代号网络计划。以节点及其编号表示工作，以箭线表示工作之间逻辑关系的网络图。

2. 时标网络计划

时标网络计划是指以时间坐标为尺度编制的网络计划，其应用多为双代号网络计划，特点是箭线长度表示一项工作的延续时间。

3. 搭接网络计划

搭接网络计划是指前后工作之间有多种搭接逻辑关系的网络计划。

3.2 双代号网络计划

3.2.1 双代号网络计划的绘制

3.2.1.1 双代号网络图的组成

双代号网络图是以箭线及其两端点的编号表示工作组成的网络图，如图 3-1 所示。

1. 箭线

在双代号网络图中，箭线代表工作。工作泛指一项需要消耗人力、物力和时间过程的具体活动，如工序、活动、作业。箭线的箭尾节点 i 表示该工作的开始，箭线的箭头节点 j 表示该工作的完成。工作名称可标注在箭线的上方，完成该工作所持续的时间可标注在箭线的下方。由于一项工作需要一条箭线和箭头、箭尾处两个圆圈中的号码来表示，故称为双代号网络计划，如图 3-2 所示。

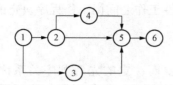

图 3-1 双代号网络图工作的表示方法

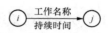

图 3-2 工作的表示方法

（1）实箭线。一根箭线表示一项工作。每项工作的完成都要消耗一定的时间或资源（如果消耗时间、不消耗资源的工作，如油漆干燥等技术间歇单独考虑时，也应作为一项工作来对待）。各工作均用实箭线来表示。箭线所指的方向表示施工过程进行的方向，若两项施工过程连续进行，则箭线也应连续；若两项施工过程平行进行，则箭线也应平行。

（2）虚箭线。在双代号网络计划图中，为了正确表达工作之间的逻辑关系，有时必须使用一种虚箭线（一端带箭头的虚线）来表示。虚箭线是既不消耗时间也不消耗资源的一项虚拟的工作，一般不标注名称，持续时间为零。它在双代号网络图中起工作之间逻辑连接的作用。

2. 节点

节点指箭线端部的圆圈或其他形状的封闭图形。节点表示一项工作的开始或结束。箭尾的节点表示一项施工过程的开始，箭头的节点表示一项施工过程的结束。

节点是网络图中箭线之间的连接点。它是前后工作的交接点。网络图中有以下三种节点。

（1）起点节点。网络图的第一个节点，它只有向外的箭线，表示一个项目的开始。

（2）终点节点。网络图的最后一个节点，它只有向内的箭线，表示一个项目的结束。

（3）中间节点。网络图起点与终点之间的节点，是既有内向箭线又有外向箭线的节点。双代号网络图中，节点用圆圈表示，并在圆圈内标注编号。一项工作应当只有唯一的一条箭线和其两端的一对节点，且要求箭尾节点的标号小于其箭头节点的编号，即 $i<j$。网络图节点的编号顺序应从小到大，可不连续，但不允许重复。

3. 线路

网络图中从其起始节点开始，沿箭头方向顺序通过一系列箭线与节点，最后达到终点节点的通路称为线路。在一个网络图中可能有很多条线路，线路中各项工作持续时间之和就是该线路的长度，即线路所需要的时间。一般网络图有多条线路，可依次用线路上的节点代号来记述。例如，网络图 3-1 中的线路有三条：①—②—④—⑤—⑥、①—②—⑤—⑥、①—③—⑤—⑥。

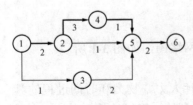

图 3-3　关键线路的表示

在各条线路中，有一条或几条线路消耗的总时间最长，称为关键线路。位于关键线路上的工作称为关键工作，一般用双线箭线或黑粗线标注。其他线路长度均小于关键线路，称为非关键线路。例如图 3-3 中，线路①—②—④—⑤—⑥是关键线路，其他两条线路为非关键线路。

3.2.1.2　双代号网络图的逻辑关系

网络图中工作之间相互制约或相互依赖的关系称为逻辑关系，在网络中表现为工作的先后顺序，通常分工艺关系和组织关系两种。

1. 工艺关系

生产性工作之间由工艺过程决定的，非生产性工作之间由工作程序决定的先后顺序称为工艺关系。

2. 组织关系

工作之间由于组织安排需要或资源调配需要而决定的先后顺序关系称为组织关系。网络图必须正确地表达整个工程或任务的工艺流程和各工作开展的先后顺序，以及它们之间相互依赖和相互制约的逻辑关系。因此，绘制网络图时必须遵循一定的基本原则和要求。

网络图中，由于工艺与组织关系，对于某项工作而言，就形成紧前工作、紧后工作、平行工作三类关系。紧排在该工作之前的工作叫做该工作的紧前工作，紧排在该工作之后的工作叫做该工作的紧后工作，与该工作同时进行的叫做平行工作，详见图 3-4。

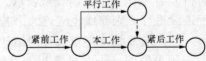

图 3-4　网络图的逻辑关系

3.2.1.3　双代号网络图的绘制规则及方法

1. 双代号网络图的绘制规则

（1）双代号网络图必须正确表达已确定的逻辑关系。网络图中常见的各种工作逻辑关系的表示方法如表 3-1 所示。

表 3-1　　　　　　　　网络图中常见的各种工作逻辑关系的表示方法

序号	工作之间的逻辑关系	网络图中表示方法
1	A 完成后 B 开始	○ A ○ B ○
2	A、B、C 三项工作同时开始	A / B / C
3	A、B、C 三项工作同时结束	A / B / C

续表

序号	工作之间的逻辑关系	网络图中表示方法
4	A 完成后进行 B 和 C	
5	A、B 均完成后进行 C	
6	A、B 均完成后同时进行 C 和 D	
7	A 完成后进行 C A、B 均完成后进行 D	

（2）双代号网络图中，不允许出现循环回路。所谓循环回路，是指从网络图中的某一节点出发，顺着箭线方向又回到了原来出发点的线路。

（3）双代号网络图中，节点之间不能出现带双向箭头或无箭头的连线。

（4）双代号网络图中，不能出现没有箭头节点或没有箭尾节点的箭线。

（5）绘制网络图时，箭线不宜交叉。当交叉不可避免时，可用过桥法或指向法绘制，详见图 3-5。

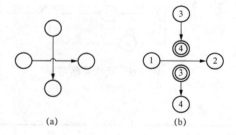

图 3-5　过桥法和指向法绘制

(a) 过桥法；(b) 指向法

（6）双代号网络图中应只有一个起点节点和一个终点节点，而其他所有节点均应是中间节点。

（7）一项工作只有唯一的一条箭线和相应的一对节点编号。

（8）箭线上不能引入或引出箭线。

（9）网络图中一条箭线箭头的节点编号应大于箭尾节点编号；一个网络图中，所有节点不能出现重复编号。

2. 双代号网络图的绘制方法

科学的网络图应当既正确又简单。绘制双代号网络图的关键，有以下两个方面：

（1）正确运用虚箭线，表达工作间的逻辑关系，且不要漏画"关系"，同样也不能把没有关系的工作扯上"关系"。

（2）严格按照上述绘图规则绘图。

双代号网络图的绘制方法具体如下：

（1）根据每一项工作的紧前工作找出紧后工作。

（2）绘制与起点节点相连的工作。没有紧前工作的工作，从起点节点引出。

（3）根据各项工作的紧后工作从左到右依次绘制其他各项工作，直至终点节点。

（4）合并没有紧后工作的节点，即为终点节点。

（5）检查逻辑关系，确认无误后进行节点编号。

【例3-1】　已知工作网络关系如表3-2所示，试根据其关系绘制双代号网络图。

表3-2　　　　　　　　　　　　　工 作 网 络 关 系

工作	A	B	C	D	E	F	G
紧前工作	—	—	B	B	C	A、D	E、F

解：①根据每一项工作的紧前工作找出紧后工作，见表3-3。

表3-3　　　　　　　　　　　　　紧前、紧后工作

工作	A	B	C	D	E	F	G
紧前工作	—	—	B	B	C	A、D	E、F
紧后工作	F	C、D	E	F	G	G	—

②由于A、B工作没有紧前工作，所以都与起点节点相连。

③根据表3-3中各项工作的紧后工作从左至右依次绘制其他各项工作。

④合并没有紧后工作的节点，即为终点节点，并进行节点编号。绘制后的双代号网络图如图3-6所示。

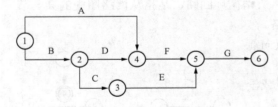

图3-6　双代号网络图

【例3-2】　已知工作网络关系如表3-4所示，试根据其关系绘制双代号网络图。

表3-4　　　　　　　　　　　　　工 作 网 络 关 系

工作	A	B	C	D	E	F	G
紧前工作	—	—	A	A	B	D、E	E

解：①根据每一项工作的紧前工作找出紧后工作，见表3-5。

表3-5　　　　　　　　　　　　　紧前、紧后工作

工作	A	B	C	D	E	F	G
紧前工作	—	—	A	A	B	D、E	E
紧后工作	C、D	E	F	F	F、G	—	—

②由于A、B工作没有紧前工作，所以都与起点节点相连。

③根据表3-5中各项工作的紧后工作从左至右依次绘制其他各项工作。

④合并没有紧后工作的节点，即为终点节点，并进行节点编号。绘制后的双代号网络图如图3-7所示。

3.2.2　双代号网络计划时间参数的计算

双代号网络计划时间参数计算的目的在于通过计算各项工作的时间参数，确定网络计划

的关键工作、关键线路和计算工期，为网络计划的优化、调整和执行提供明确的时间参数。双代号网络计划时间参数的计算方法很多，一般常用的有工作计算法和节点计算法。

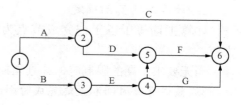

图 3-7 双代号网络图

3.2.2.1 时间参数的概念及其符号

（1）工作持续时间（$D_{i,j}$）。工作持续时间是一项工作从开始到完成的时间。工作持续时间的确定可以凭经验估算，也可以按定额计算。

（2）工期（T）。工期泛指完成一项工程所需要的时间，一般有以下三种：

1）计算工期。根据网络计划时间参数计算出来的工期，即关键线路各工作持续时间之和，用 T_c 表示。

2）要求工期。工程委托人要求的工期或合同约定的工期，用 T_r 表示。

3）计划工期。根据要求工期和计算工期所确定的作为实施目标的工期，用 T_p 表示。

网络计划三个工期之间的关系应为：$T_c \leqslant T_p \leqslant T_r$。

（3）描述工作的时间参数：

1）最早开始时间（ES_{i-j}）。工作 $i-j$ 各紧前工作全部完成后，工作 $i-j$ 可能最早开始的时间。

2）最早完成时间（EF_{i-j}）。工作 $i-j$ 可能的最早完成的时间。

3）最迟开始时间（LS_{i-j}）。在不影响整个任务按期完成的前提下，工作 $i-j$ 最迟必须开始的时间。

4）最迟完成时间（LF_{i-j}）。在不影响整个任务按期完成的前提下，工作 $i-j$ 最迟必须完成的时间。

5）总时差（TF_{i-j}）。在不影响总工期的前提下，工作 $i-j$ 可以利用的机动时间。

6）自由时差（FF_{i-j}）。不影响其紧后工作最早开始时间的前提下，工作 $i-j$ 可以利用的机动时间。

（4）描述节点的时间参数：

1）节点最早时间（ET_i）。双代号网络计划中，以该节点为开始节点的各项工作的最早开始时间。

2）节点最迟时间（FT_i）。双代号网络计划中，不影响整个任务按期完成的前提下，以该节点为完成节点的各项工作最迟必须完成的时间。

3.2.2.2 工作计算法

工作计算法计算网络计划中的各时间参数，其计算结果通常标注在箭线之上，如图 3-8 所示。

图 3-8 工作的时间参数表示方法

1. 最早开始时间和最早完成时间的计算

工作最早时间参数受到紧前工作的约束，其计算顺序从起点节点开始，顺着箭线方向依次逐项计算。

网络计划的起点节点为开始节点的工作的最早开始时间为 0，其后各项工作的最早开始时间等于该工作各紧前工作最早完成时间的最大值。

工作的最早完成时间等于其最早开始时间加上本工作的持续时间。

2. 计算工期 T_c 的确定

计算工期等于以工作完成节点为网络计划的终点节点的各个工作最早完成时间的最大值。

当无要求工期的限制时，计划工期可以设定为计算工期，即 $T_p = T_c$。

3. 最迟开始时间和最迟完成时间的计算

工作最迟时间参数是以不影响整个任务工期为前提，故其计算以保证工期为前提倒推，计算从终点节点起，逆着箭线方向依次逐项计算。

工作完成节点为网络计划的终点节点的各个工作的最迟完成时间等于计划工期时间，其余工作的最迟完成时间等于各紧后工作的最迟开始时间的最小值。

工作的最迟开始时间等于最迟完成时间减去各自工作持续时间。

4. 工作总时差的计算

各工作的总时差为各工作最迟开始时间与最早开始时间之差，或各工作最迟完成时间与最早完成时间之差。工作 i–j 的总时差为

$$TF_{i-j} = LS_{i-j} - ES_{i-j} \quad 或 \quad TF_{i-j} = LF_{i-j} - EF_{i-j}$$

5. 工作自由时差的计算

当工作 i–j 有紧后工作 j–k 时，其自由时差为

$$FF_{i-j} = ES_{j-k} - EF_{i-j} \quad 或 \quad FF_{i-j} = ES_{j-k} - ES_{i-j} - D_{i-j}$$

工作完成节点为网络计划的终点节点的各个工作，其自由时差 FF_{m-n} 应按网络计划工期 T_p 确定，即

$$FF_{m-n} = T_p - EF_{m-n}$$

6. 关键工作的确定

网络计划中总时差最小的工作即是关键工作。

7. 关键线路的确定

自始至终全部由关键工作组成的线路，或线路上总的工作持续时间最长的线路为关键线路。网络图中的关键线路可以用双线或粗线标注。

【例 3-3】 某工程网络计划如图 3-9 所示，箭线上方为工作代号，下方为工作持续时间，试用工作计算法求各工作时间参数。

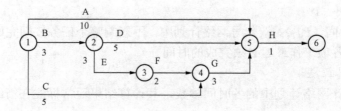

图 3-9　某工程网络计划图

解：（1）求各工作最早开始时间和最早完成时间：

网络计划的起点节点为开始节点的工作的最早开始时间为 0，即

$$ES_{1-5} = ES_{1-2} = ES_{1-4} = 0$$

工作的最早完成时间等于其最早开始时间加上本工作持续时间，即

$$EF_{1-5} = ES_{1-5} + D_{1-5} = 0 + 10 = 10$$

$$EF_{1-2}=ES_{1-2}+D_{1-2}=0+3=3$$
$$EF_{1-4}=ES_{1-4}+D_{1-4}=0+5=5$$

其后各项工作的最早开始时间等于该工作各紧前工作最早完成时间的最大值，故

$$ES_{2-5}=EF_{1-2}=3$$
$$EF_{2-5}=ES_{2-5}+D_{2-5}=3+5=8$$
$$ES_{2-3}=EF_{1-2}=3$$
$$EF_{2-3}=ES_{2-3}+D_{2-3}=3+3=6$$
$$ES_{3-4}=EF_{2-3}=6$$
$$EF_{3-4}=ES_{3-4}+D_{3-4}=6+2=8$$
$$ES_{4-5}=\max\{EF_{3-4},\ EF_{1-4}\}=\max\{8,\ 5\}=8$$
$$EF_{4-5}=ES_{4-5}+D_{4-5}=8+3=11$$
$$ES_{5-6}=\max\{EF_{1-5},\ EF_{2-5},\ EF_{4-5}\}=\max\{10,\ 8,\ 11\}=11$$
$$EF_{5-6}=ES_{5-6}+D_{5-6}=11+1=12$$

（2）求各工作最迟完成时间和最迟开始时间：

工作完成节点为网络计划的终点节点的各个工作的最迟完成时间等于计划工期时间，即

$$LF_{5-6}=12$$

工作的最迟开始时间等于最迟完成时间减去各自工作持续时间，即

$$LS_{5-6}=LF_{5-6}-D_{5-6}=12-1=11$$

其余工作的最迟完成时间等于各紧后工作最迟开始时间的最小值，故

$$LF_{1-5}=LF_{2-5}=LF_{4-5}=LS_{5-6}=11$$
$$LS_{1-5}=LF_{1-5}-D_{1-5}=11-10=1$$
$$LS_{2-5}=LF_{2-5}-D_{2-5}=11-5=6$$
$$LS_{4-5}=LF_{4-5}-D_{4-5}=11-3=8$$
$$LF_{3-4}=LF_{1-4}=LS_{4-5}=8$$
$$LS_{3-4}=LF_{3-4}-D_{3-4}=8-2=6$$
$$LS_{1-4}=LF_{1-4}-D_{1-4}=8-5=3$$
$$LF_{2-3}=LS_{3-4}=6$$
$$LS_{2-3}=LF_{2-3}-D_{2-3}=6-3=3$$
$$LF_{1-2}=\min\{LS_{2-5},\ LS_{2-3}\}=\min\{6,\ 3\}=3$$
$$LS_{1-2}=LF_{1-2}-D_{1-2}=3-3=0$$

（3）计算工作总时差

$$TF_{1-5}=LS_{1-5}-ES_{1-5}=1-0=1$$
$$TF_{1-2}=LS_{1-2}-ES_{1-2}=0-0=0$$
$$TF_{1-4}=LS_{1-4}-ES_{1-4}=3-0=3$$
$$TF_{2-5}=LS_{2-5}-ES_{2-5}=6-3=3$$
$$TF_{2-3}=LS_{2-3}-ES_{2-3}=3-3=0$$
$$TF_{3-4}=LS_{3-4}-ES_{3-4}=6-6=0$$
$$TF_{4-5}=LS_{4-5}-ES_{4-5}=8-8=0$$
$$TF_{5-6}=LS_{5-6}-ES_{5-6}=11-11=0$$

（4）计算工作自由时差

$$FF_{1-2}=ES_{2-3}-EF_{1-2}=3-3=0$$
$$FF_{1-5}=ES_{5-6}-EF_{1-5}=11-10=1$$
$$FF_{2-5}=ES_{5-6}-EF_{2-5}=11-8=3$$

$$FF_{2-3}=ES_{3-4}-EF_{2-3}=6-6=0$$
$$FF_{3-4}=ES_{4-5}-EF_{3-4}=8-8=0$$
$$FF_{1-4}=ES_{4-5}-EF_{1-4}=8-5=3$$
$$FF_{4-5}=ES_{5-6}-EF_{4-5}=11-11=0$$
$$FF_{5-6}=0$$

（5）确定关键线路：线路①—②—③—④—⑤—⑥为关键线路，如图 3-10 所示。

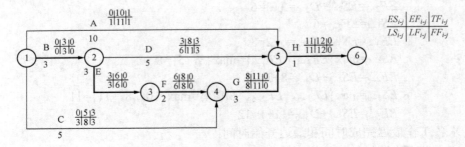

图 3-10　工作的时间参数计算结果（工作计算法）

3.2.2.3　节点计算法

按节点法计算时间参数，其计算结果应标注在节点之上，如图 3-11 所示。

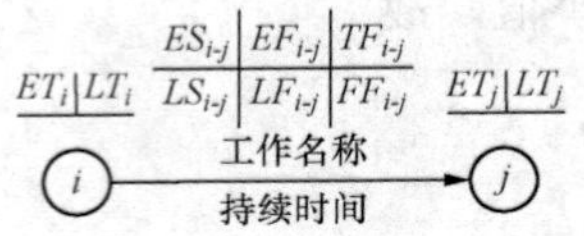

图 3-11　节点的时间参数表示方法

1. 节点最早时间的计算

节点最早时间是指双代号网络计划中，以该节点为开始节点的各项工作的最早开始时间。

节点 i 的最早时间 ET_i 应从网络计划的起点节点开始，顺着箭线方向，依次逐项计算，并应符合下列规定：

（1）起点节点 i 未规定最早时间 ET_i 时，其值应等于 0。

（2）当节点 j 只有一条内向箭线时，其最早时间 $ET_j=ET_i+D_{i-j}$。

（3）当节点 j 有多条内向箭线时，其最早时间 $ET_j=\max\{ET_i+D_{i-j}\}$。

2. 计算工期 T_c 的确定

网络计划的计算工期按式计算

$$T_c=ET_n$$

式中　ET_n——终点节点 n 的最早时间。

3. 节点最迟时间的计算

节点的最迟时间是以该节点为完成节点的工作的最迟完成时间。节点最迟时间的计算应逆着箭头方向进行。终点节点 n 的最迟时间等于网络计划的计划工期，$LT_n=T_p$。中间节点 i 的最迟时间 $LT_i=\min\{LT_j-D_{i-j}\}$。

4. 工作时间参数的计算

（1）工作 $i-j$ 的最早开始时间 ES_{i-j} 按下式计算

$$ES_{i-j}=ET_i$$

（2）工作 $i-j$ 的最早完成时间 EF_{i-j} 按下式计算

$$EF_{i-j}=ET_i+D_{i-j}$$

（3）工作 $i-j$ 的最迟完成时间 LF_{i-j} 按下式计算

$$LF_{i-j}=LT_j$$

（4）工作 i–j 的最迟开始时间 LS_{i-j} 按下式计算

$$LS_{i-j}=LT_j-D_{i-j}$$

（5）工作 i–j 的总时差 TF_{i-j} 按下式计算

$$TF_{i-j}=LS_{i-j}-ES_{i-j} \text{ 或 } TF_{i-j}=LF_{i-j}-EF_{i-j}$$

（6）工作 i–j 的自由时差 FF_{i-j} 按下式计算

$$FF_{i-j}=ET_j-ET_i-D_{i-j}$$

5. 关键工作的确定

网络计划中总时差最小的工作即为关键工作。

6. 关键线路的确定

自始至终全部由关键工作组成的线路，或线路上总的工作持续时间最长的线路为关键线路。网络图中的关键线路可以用双线或粗线标注。

【**例 3-4**】 某工程网络计划如图 3-12 所示，箭线上方为工作代号，下方为工作持续时间，试用节点计算法求各工作时间参数。

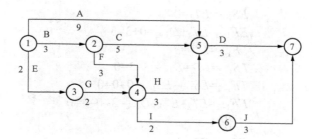

图 3-12 某工程网络计划图

解：（1）求节点最早时间：

起点节点 i 未规定最早时间 ET_i 时，其值应等于 0，即

$$ET_1=0$$

当节点 j 只有一条内向箭线时，其最早时间 $ET_j=ET_i+D_{i-j}$。

$$ET_2=ET_1+D_{1-2}=0+3=3$$
$$ET_3=ET_1+D_{1-3}=0+2=2$$

当节点 j 有多条内向箭线时，其最早时间 $ET_j=\max\{ET_i+D_{i-j}\}$。

$$ET_4=\max\{ET_2+D_{2-4}, ET_3+D_{3-4}\}= \max\{3+3, 2+2\}=6$$
$$ET_5=\max\{ET_1+D_{1-5}, ET_2+D_{2-5}, ET_4+D_{4-5}\}= \max\{0+9, 3+5, 6+3\}=9$$
$$ET_6=ET_4+D_{4-6}=6+2=8$$
$$ET_7=\max\{ET_5+D_{5-7}, ET_6+D_{6-7}\}= \max\{9+3, 8+3\}=12$$

（2）确定计算工期 T_c

$$T_c=ET_n=ET_7=12$$

（3）计算节点最迟时间：

终点节点 n 的最迟时间等于网络计划的计划工期，$LT_n=T_p$，此例中 $T_p=T_c$。

$$LT_7=12$$

中间节点 i 的最迟时间 $LT_i= \min\{LT_j-D_{i-j}\}$，故

$$LT_5= LT_7-D_{5-7}=12-3=9$$

$LT_6 = LT_7 - D_{6-7} = 12 - 3 = 9$

$LT_4 = \min\{LT_6 - D_{4-6},\ LT_5 - D_{4-5}\} = \min\{9-2,\ 9-3\} = 6$

$LT_2 = \min\{LT_4 - D_{2-4},\ LT_5 - D_{2-5}\} = \min\{6-3,\ 9-5\} = 3$

$LT_3 = LT_4 - D_{3-4} = 6 - 2 = 4$

$LT_1 = \min\{LT_3 - D_{1-3},\ LT_5 - D_{1-5},\ LT_2 - D_{1-2}\} = \min\{4-2,\ 9-9,\ 3-3\} = 0$

（4）计算工作时间参数：

工作 1-5

$ES_{1-5} = ET_1 = 0$

$EF_{1-5} = ET_1 + D_{1-5} = 0 + 9 = 9$

$LF_{1-5} = LT_5 = 9$

$LS_{1-5} = LT_5 - D_{1-5} = 9 - 9 = 0$

$TF_{1-5} = LS_{1-5} - ES_{1-5} = 0 - 0 = 0$

$FF_{1-5} = ET_5 - ET_1 - D_{1-5} = 9 - 0 - 9 = 0$

工作 1-2

$ES_{1-2} = ET_1 = 0$

$EF_{1-2} = ET_1 + D_{1-2} = 0 + 3 = 3$

$LF_{1-2} = LT_2 = 3$

$LS_{1-2} = LT_2 - D_{1-2} = 3 - 3 = 0$

$TF_{1-2} = LS_{1-2} - ES_{1-2} = 0 - 0 = 0$

$FF_{1-2} = ET_2 - ET_1 - D_{1-2} = 3 - 0 - 3 = 0$

工作 1-3

$ES_{1-3} = ET_1 = 0$

$EF_{1-3} = ET_1 + D_{1-3} = 0 + 2 = 2$

$LF_{1-3} = LT_3 = 4$

$LS_{1-3} = LT_3 - D_{1-3} = 4 - 2 = 2$

$TF_{1-3} = LS_{1-3} - ES_{1-3} = 2 - 0 = 2$

$FF_{1-3} = ET_3 - ET_1 - D_{1-3} = 2 - 0 - 2 = 0$

工作 2-5

$ES_{2-5} = ET_2 = 3$

$EF_{2-5} = ET_2 + D_{2-5} = 3 + 5 = 8$

$LF_{2-5} = LT_5 = 9$

$LS_{2-5} = LT_5 - D_{2-5} = 9 - 5 = 4$

$TF_{2-5} = LS_{2-5} - ES_{2-5} = 4 - 3 = 1$

$FF_{2-5} = ET_5 - ET_2 - D_{2-5} = 9 - 3 - 5 = 1$

工作 2-4

$ES_{2-4} = ET_2 = 3$

$EF_{2-4} = ET_2 + D_{2-4} = 3 + 3 = 6$

$LF_{2-4} = LT_4 = 6$

$LS_{2-4} = LT_4 - D_{2-4} = 6 - 3 = 3$

$TF_{2-4} = LS_{2-4} - ES_{2-4} = 3 - 3 = 0$

$FF_{2-4} = ET_4 - ET_2 - D_{2-4} = 6 - 3 - 3 = 0$

工作 3-4

$ES_{3-4} = ET_3 = 2$

$EF_{3-4}=ET_3+D_{3-4}=2+2=4$

$LF_{3-4}=LT_4=6$

$LS_{3-4}=LT_4-D_{3-4}=6-2=4$

$TF_{3-4}=LS_{3-4}-ES_{3-4}=4-2=2$

$FF_{3-4}=ET_4-ET_3-D_{3-4}=6-2-2=2$

工作 4-5

$ES_{4-5}=ET_4=6$

$EF_{4-5}=ET_4+D_{4-5}=6+3=9$

$LF_{4-5}=LT_5=9$

$LS_{4-5}=LT_5-D_{4-5}=9-3=6$

$TF_{4-5}=LS_{4-5}-ES_{4-5}=6-6=0$

$FF_{4-5}=ET_5-ET_4-D_{4-5}=9-6-3=0$

工作 4-6

$ES_{4-6}=ET_4=6$

$EF_{4-6}=ET_4+D_{4-6}=6+2=8$

$LF_{4-6}=LT_6=9$

$LS_{4-6}=LT_6-D_{4-6}=9-2=7$

$TF_{4-6}=LS_{4-6}-ES_{4-6}=7-6=1$

$FF_{4-6}=ET_6-ET_4-D_{4-6}=8-6-2=0$

工作 5-7

$ES_{5-7}=ET_5=9$

$EF_{5-7}=ET_5+D_{5-7}=9+3=12$

$LF_{5-7}=LT_7=12$

$LS_{5-7}=LT_7-D_{5-7}=12-3=9$

$TF_{5-7}=LS_{5-7}-ES_{5-7}=9-9=0$

$FF_{5-7}=ET_7-ET_5-D_{5-7}=12-9-3=0$

工作 6-7

$ES_{6-7}=ET_6=8$

$EF_{6-7}=ET_6+D_{6-7}=8+3=11$

$LF_{6-7}=LT_7=12$

$LS_{6-7}=LT_7-D_{6-7}=12-3=9$

$TF_{6-7}=LS_{6-7}-ES_{6-7}=9-8=1$

$FF_{6-7}=ET_7-ET_6-D_{6-7}=12-8-3=1$

（5）确定关键线路：线路①—⑤—⑦和①—②—④—⑤—⑦为关键线路，如图 3-13 所示。

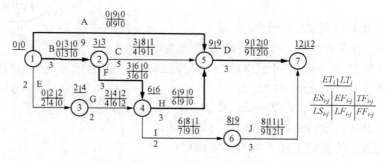

图 3-13　工作的时间参数计算结果（节点计算法）

3.3　单代号网络计划

3.3.1　单代号网络计划的绘制

1．单代号网络图的组成

单代号网络图是以节点及其编号表示工作，以箭线表示工作之间的逻辑关系的网络图，并在节点中加注工作代号、名称和持续时间，以形成单代号网络计划。因此，单代号网络图

图 3-14　单代号网络图节点表示方法

由节点、箭线、线路组成，如图 3-14 所示。

（1）节点。单代号网络图中的每一个节点表示一项工作，节点宜用圆圈或矩形表示。节点所表示的工作名称、持续时间和工作代号等应标注在节点内。

（2）箭线。单代号网络图中的箭线表示紧邻工作之间的逻辑关系，既不占用时间，也不消耗资源。箭线应画成水平直线、折线或斜线。箭线水平投影的方向应自左向右，表示工作的行进方向。工作之间的逻辑关系包括工艺关系和组织关系，在网络图中均表现为工作之间的先后顺序。

（3）线路。单代号网络图中，各条线路应用该线路上的节点代号从小到大依次表述。

2．单代号网络图的绘制规则

（1）单代号网络图必须正确表达逻辑关系。

（2）单代号网络图中不允许出现循环回路。

（3）单代号网络图中不能出现双向箭头或无箭头的连线。

（4）单代号网络图中不能出现没有箭尾节点的箭线和没有箭头节点的箭线。

（5）绘制网络图时，箭线不宜交叉；当交叉不可避免时，可采用过桥法或指向法绘制。

（6）单代号网络图中只能有一个起点节点和一个终点节点。当网络图中有多个起点或多个终点节点时，应在网路图的两端分别设置一项虚工作，作为该网络图的起点节点和终点节点。

3.3.2　单代号网络计划时间参数的计算

单代号网络计划的时间参数包括工作最早开始时间 ES_i、工作最早完成时间 EF_i、工作最迟开始时间 LS_i、工作最迟完成时间 LF_i、工作总时差 TF_i、工作自由时差 FF_i、计算工期 T_c、计划工期 T_p。

当用圆圈表示工作时，时间参数在图上的标注形式如图 3-15 所示。

图 3-15　单代号网络计划时间参数的
表示方法

1．工作最早开始时间 ES_i 的计算

从网络图的起点节点开始，顺着箭线方向依次逐个计算。起点节点的最早开始时间无特殊规定时，$ES_i = 0(i=0)$；其他工作的最早开始时间 ES_i 为

$$ES_i=\max\{ES_h+D_h\}=\max\{EF_h\}$$

式中　ES_h——工作 i 的紧前工作 h 的最早开始时间；

　　　EF_h——工作 i 的紧前工作 h 的最早完成时间；

　　　D_h——工作 i 的紧前工作 h 的持续时间。

2. 工作最早完成时间 EF_i 的计算

$$EF_i=ES_i+D_i$$

3. 网络计划计算工期 T_c 的计算

$$T_c=EF_n$$

4. 工作最迟完成时间 LF_i 的计算

工作最迟完成时间应从网络图的终点节点开始，逆着箭线方向依次逐项计算。终点节点所代表的工作 n 的最迟完成时间 $LF_i(i=n)$ 应按网络计划工期 T_p 确定，即

$$LF_n=T_p$$

其他工作的最迟完成时间

$$LF_i=\min\{LF_j-D_j\}$$

式中　　LF_j——工作 i 的紧后工作 j 的最迟完成时间；

　　　　D_j——工作 i 的紧后工作 j 的持续时间。

5. 工作最迟开始时间 LS_i 的计算

工作 i 的最迟开始时间 LS_i 的计算式为

$$LS_i=LF_i-D_i$$

6. 工作总时差的计算

工作 i 的总时差计算式为

$$TF_i=LS_i-ES_i \quad 或 \quad TF_i=LF_i-EF_i$$

7. 工作自由时差的计算

工作 i 的自由时差计算式为

$$FF_i=\min\{ES_j-EF_i\}$$

8. 关键工作的确定

网络计划中总时差最小的工作即为关键工作。

9. 关键线路的确定

自始至终全部由关键工作组成的线路，或线路上总的工作持续时间最长的线路为关键线路。网络图中的关键线路可以用双线或粗线标注。

【例 3-5】 试根据表 3-6 所示关系画出单代号网络图，并计算各时间参数。

表 3-6　　　　　　　　　　　各工作的紧前工作和持续时间

工作	A	B	C	D	E	F
紧前工作	—	—	A	A	C、D	B
持续时间	3	4	2	3	4	5

解：（1）根据紧前工作求出紧后工作，见表 3-7。

表 3-7　　　　　　　　　　　各 工 作 的 紧 后 工 作

工作	A	B	C	D	E	F
紧前工作	—	—	A	A	C、D	B
紧后工作	C、D	F	E	E	—	—
持续时间	3	4	2	3	4	5

（2）根据紧后工作画出单代号网络图，详见图3-16。

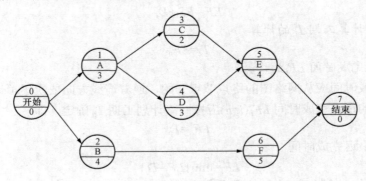

图 3-16　单代号网络图

（3）求各工作最早开始时间、最早完成时间。

顺着箭线方向计算，有

$$ES_0=0$$
$$EF_0=ES_0+D_0=0+0=0$$
$$ES_1=EF_0=0$$
$$EF_1=ES_1+D_1=0+3=3$$
$$ES_2=EF_0=0$$
$$EF_2=ES_2+D_2=0+4=4$$
$$ES_3=EF_1=3$$
$$EF_3=ES_3+D_3=3+2=5$$
$$ES_4=EF_1=3$$
$$EF_4=ES_4+D_4=3+3=6$$
$$ES_5=\max\{EF_3,\ EF_4\}=\max\{5,\ 6\}=6$$
$$EF_5=ES_5+D_5=6+4=10$$
$$ES_6=EF_2=4$$
$$EF_6=ES_6+D_6=4+5=9$$
$$ES_7=\max\{EF_5,\ EF_6\}=\max\{10,\ 9\}=10$$
$$EF_7=ES_7+D_7=10+0=10$$

（4）确定计算工期 T_c。

$$T_c=EF_7=10$$

（5）求各工作最迟完成时间、最迟开始时间。

逆着箭线方向计算，有

$$LF_7=T_c=10$$
$$LS_7=LF_7-D_7=10-0=10$$
$$LF_6=LS_7=10$$
$$LS_6=LF_6-D_6=10-5=5$$
$$LF_5=LS_7=10$$
$$LS_5=LF_5-D_5=10-4=6$$
$$LF_2=LS_6=5$$
$$LS_2=LF_2-D_2=5-4=1$$
$$LF_3=LS_5=6$$
$$LS_3=LF_3-D_3=6-2=4$$

$$LF_4=LS_5=6$$
$$LS_4=LF_4-D_4=6-3=3$$
$$LF_1= \min\{LS_3, LS_4\} = \min\{4, 3\}=3$$
$$LS_1= LF_4-D_4=3-3=0$$
$$LF_0= \min\{LS_1, LS_2\} = \min\{0, 1\}=0$$
$$LS_0=LF_0-D_0=0-0=0$$

（6）求各工作总时差和自由时差，有

$$TF_0=LS_0-ES_0=0-0=0$$
$$FF_0=\min\{ES_1-EF_0, ES_2-EF_0\}=\min\{0-0, 0-0\}=0$$
$$TF_1=LS_1-ES_1=0-0=0$$
$$FF_1=\min\{ES_3-EF_1, ES_4-EF_1\}=\min\{3-3, 3-3\}=0$$
$$TF_2=LS_2-ES_2=1-0=1$$
$$FF_2=ES_6-EF_2=4-4=0$$
$$TF_3=LS_3-ES_3=4-3=1$$
$$FF_3=ES_5-EF_3=6-5=1$$
$$TF_4=LS_4-ES_4=3-3=0$$
$$FF_4=ES_5-EF_4=6-6=0$$
$$TF_5=LS_5-ES_5=6-6=0$$
$$FF_5=ES_7-EF_5=10-10=0$$
$$TF_6=LS_6-ES_6=5-4=1$$
$$FF_6=ES_7-EF_6=10-9=1$$
$$TF_7=LS_7-ES_7=10-10=0$$
$$FF_7=T_c-EF_7=10-10=0$$

（7）确定关键线路：线路⓪—①—④—⑤—⑦为关键线路，详见图 3-17。

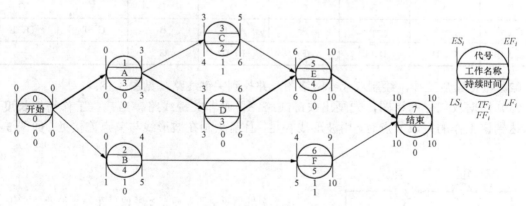

图 3-17　单代号网络图关键路线及各时间参数

3.4　双代号时标网络计划

3.4.1　时标网络计划的概念

双代号时标网络计划是网络计划的另一种表示形式，简称时标网络计划。它是以时间坐标表示工作持续时间的网络计划，时间单位根据网络计划需要确定，可以是天、周、月、季等。其箭线的长短和所在位置表示工作的时间进程。

时标网络计划应以实箭线表示工作，以虚箭线表示虚工作，以波形线表示工作的自由时差。时标网络计划中所有符号在时间坐标上的水平投影位置，都必须与其时间参数相对应；节点中心必须对准相应的时标位置。

3.4.2　时标网络计划的绘制

时标网络图的箭线，不管是实箭线还是虚箭线，都要用水平箭线或由水平段和垂直段所组成的箭线，一般不用斜箭线。而所有符号在时间坐标上的水平位置及其水平投影，都必须与其所代表的时间值相对应，且节点的中心必须对准时标的刻度线。

时标网络计划宜按最早时间绘制，可为时差应用带来灵活性，并具有实用价值。常用的有间接绘制法，即先绘制一般双代号网络图，求出时间参数，确定关键线路，最后才绘制出时标网络图。绘制时，先绘制出关键线路，再绘制非关键线路。当某些工作箭线长度不足以达到该工作的完成节点时，用波形线补足，且箭头画在波形线与节点连接处。

【例 3-6】　已知网络计划的关系如表 3-8 所示，试用间接法绘制时标网络计划。

表 3-8　　　　　　　　　　各工作的紧前工作和持续时间

工作	A	B	C	D	E	F	G
紧前工作	—	—	A	A、B	B	C、D	D、E
持续时间	21	14	56	28	42	28	35

解：（1）求各工作的紧后工作，见表 3-9。

表 3-9　　　　　　　　　　各　工　作　的　紧　后　工　作

工作	A	B	C	D	E	F	G
紧前工作	—	—	A	A、B	B	C、D	D、E
紧后工作	C、D	D、E	F	F、G	G	—	—

（2）根据紧后工作，绘制双代号网络图，并找到关键线路，见图 3-18。

（3）根据双代号网络图，先画出关键线路，再画非关键线路。当某些工作箭线长度不足以达到该工作的完成节点时，用波形线补足，且箭头画在波形线与节点连接处，如图 3-19 所示。

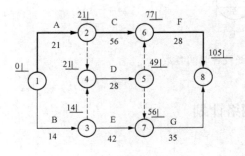

图 3-18　双代号网络图

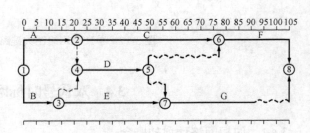

图 3-19　双代号时标网络图

3.5　网络的优化与进度控制

网络计划优化，就是在一定条件下，利用时差来平衡时间、资源与费用三者的关系，寻求工期最短、费用最低、资源利用最好的网络计划过程。

3.5.1　工期优化

工期优化是指在满足既定约束的条件下，延长或缩短计算工期以达到要求工期的目标，使工期合理。这种情况通常发生在任务紧急、资源有保障时。

1.　工期优化的途径

由于工期由关键路线上活动的时间所决定，压缩工期就在于如何压缩关键路线上活动的时间。缩短关键路线上活动时间的途径有：

（1）利用平行、交叉作业缩短关键活动的时间。

（2）在关键路线上进行赶工。

由于压缩了关键线路上活动的时间，会导致原来不是关键线路的路线成为关键线路，若要继续缩短工期，就要在所有关键线路上赶工或进行平行交叉作业，且随着关键线路的增多，压缩计划所付出的代价就变大，因此，单纯地追求工期最短而不顾资源的消耗是不可取的。

2.　工期优化的步骤

工期优化一般通过压缩关键线路上关键工作的工作时间来满足计划工期要求。优化过程中应按下列程序来进行：

（1）计算初始网络图的计算工期，并找出关键线路、关键工作。

（2）按计划工期计算出应压缩的时间 ΔT

$$\Delta T = T_c - T_p$$

式中　　T_c——网络计划的计算工期；

　　　　T_p——网络计划的计划工期。

（3）选择关键工作，压缩其作业时间，并重新计算工期。选择优先压缩工作作业时间的关键工作时，应考虑下列因素：

1）缩短工作作业时间后对质量和安全影响不大的关键工作；

2）有足够备用资源的关键工作；

3）缩短工作时间所需增加费用最少的工作。

将所有工作考虑上述三个方面，确定优选系数。优选系数小的工作较适宜压缩。

（4）把优先压缩的关键工作压缩至最短工作时间，重新找出关键线路。若被压缩的工作变成了非关键工作，则应将其工作作业时间延长，使之仍为关键工作。

（5）若计算工期仍超过计划工期，则按上述步骤依次压缩其他关键工作，直到满足计划工期要求或工期已不能再缩短为止。

当所有关键工作的工作时间均已达到最短而工期仍不满足要求时，应对计划的原技术、组织方案进行调整，或对计划工期重新进行审定。

在优化工期的过程中，应注意以下两点：

1）不能把关键工作压缩为非关键工作；

2）在优化过程中出现多条关键路线时，必须对各条关键线路上的工作作业时间同时进行压缩。

【例 3-7】 已知某网络计划如图 3-20 所示，要求工期为 110 天，试用非时标网络计划对其进行工期优化。

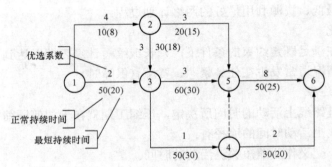

图 3-20　某工程双代号网络图

解：（1）找出初始网络计划的关键线路为①—③—⑤—⑥、找出关键工作，详见图 3-21。

（2）求出应压缩的时间

$$\Delta T = T_c - T_r = 160 - 110 = 50 \quad （天）$$

（3）确定各关键工作能压缩的时间。

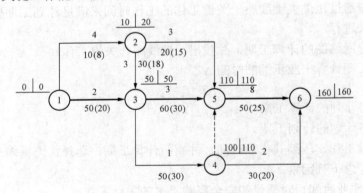

图 3-21　关键工作能压缩的时间

（4）选择关键工作压缩作业时间，并重新计算工期 T'_c。

1）第一次：选择工作①—③，压缩 10 天，成为 40 天；工期变为 150 天，①—②和②—③也变为关键工作，详见图 3-22。

2）第二次：选择工作③—⑤，压缩 10 天，成为 50 天；工期变为 140 天，③—④和④—⑤也变为关键工作，详见图 3-23。

3）第三次：选择工作③—⑤和③—④，同时压缩 20 天，成为 30 天；工期变为 120 天，关键工作没有变化，详见图 3-24。

4）第四次：选择工作①—③和②—③，同时压缩 10 天，①—③成为 30 天，②—③成为 20 天；工期变为 110 天，关键工作没有变化，详见图 3-25。

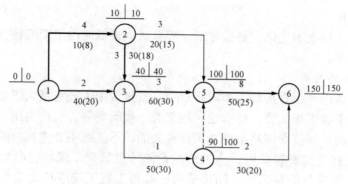

图 3-22　第一次压缩关键工作

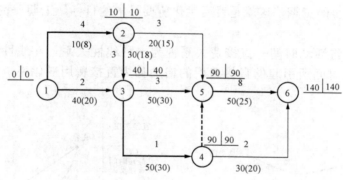

图 3-23　第二次压缩关键工作

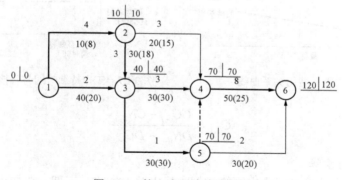

图 3-24　第三次压缩关键工作

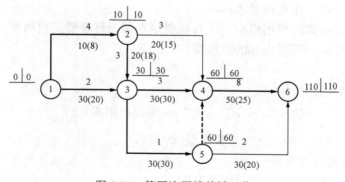

图 3-25　第四次压缩关键工作

3.5.2　费用优化

费用优化又称工期成本优化，是指寻求工程总成本最低时的工期或按要求工期寻求最低成本的计划安排过程。

1. 费用和工期的关系

工程施工的总费用包括直接费用和间接费用。直接费用主要包括人工费、材料费、机械使用费，以及冬雨季施工增加费、特殊地区施工费、夜间费等。直接费用一般情况下是随着工期的缩短而增加的。间接费用是与整个工程有关的、不能或不宜直接分摊给每道工序的费用，它包括与工程有关的管理费用、全工地性设施的租赁费、现场临时办公设施费、公用和福利费及占用资金应付的利息等。间接费用一般与工程工期成正比关系，即工期越长，间接费用越多，工期越短，间接费用越低。因此，如果把直接费用和间接费用加在一起，必有一个总费用最少的工期，这就是费用优化所要寻求的目标。工期—费用关系曲线如图3-26所示。

为简化处理，将活动时间—直接费关系视为一种线性关系。在线性假定条件下，活动每缩短一个单位时间所引起的直接费用的增加称为直接费用变化率，记作ΔC_{i-j}，详见图3-27。

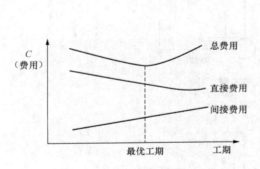

图3-26　工期—费用关系曲线

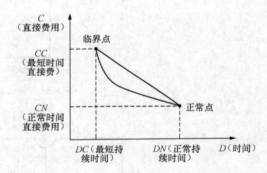

图3-27　工作持续时间与直接费的关系示意图

$$\Delta C_{i-j} = \frac{CC_{i-j} - CN_{i-j}}{DN_{i-j} - DC_{i-j}}$$

2. 费用优化的步骤

（1）按工作正常持续时间画出网络计划，找出关键线路、工期、总费用C_T；工程总直接费为组成该工程的全部工作直接费之和。

（2）计算各工作的直接费用率ΔC_{i-j}。直接费用率即为直接费的费用变化率，它是缩短工作持续时间每一单位时间所需增加的直接费。

（3）压缩工期。

（4）计算压缩后的总费用

$$C_T' = C_T + \Delta C_{i-j} \times \Delta T_{i-j} - \text{间接费用率} \times \Delta T_{i-j}$$

（5）重复步骤（3）、（4），直至总费用最低。

3. 压缩工期时的注意事项

（1）只能压缩关键工作的持续时间才有效。

（2）不能把关键工作压缩成非关键工作。

（3）选择直接费用率或其组合（同时压缩几项关键工作时）最低的关键工作进行压缩，且其值应小于或等于间接费用率。

【例3-8】 已知某工程计划网络如图3-28所示，整个工程计划的间接费用率为0.35万元/天，正常工期时的间接费为14.1万元。试对此计划进行费用优化，求出费用最少的相应工期。

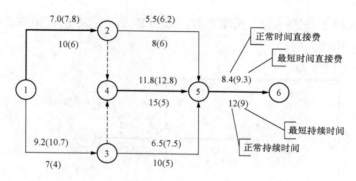

图3-28 某工程计划网络图

解：（1）按工作正常持续时间画出网络计划（见图3-29），找出关键线路、工期、总费用：

工期 $T=37$ （天）

总费用=直接费用+间接费用= (7.0+9.2+5.5+11.8+6.5+8.4)+14.1=62.5（万元）

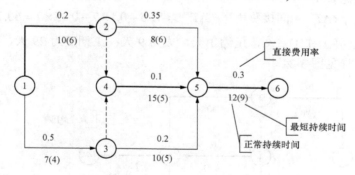

图3-29 网络上表示直接费用率

（2）计算各工作的直接费用率 ΔC_{i-j}，见表3-10。

表3-10　　　　　　　　　　　　　直接费用率计算结果

工作代号	正常持续时间（天）	最短持续时间（天）	正常时间直接费（万元）	最短时间直接费（万元）	直接费用率（万元/天）
①—②	10	6	7.0	7.8	0.2
①—③	7	4	9.2	10.7	0.5
②—⑤	8	6	5.5	6.2	0.35
④—⑤	15	5	11.8	12.8	0.1

工作代号	正常持续时间 （天）	最短持续时间 （天）	正常时间直接费 （万元）	最短时间直接费 （万元）	直接费用率 （万元/天）
③—⑤	10	5	6.5	7.5	0.2
⑤—⑥	12	9	8.4	9.3	0.3

（3）压缩工期。

1）第一次：选择工作④—⑤，压缩 7 天，成为 8 天；工期变为 30 天，②—⑤也变为关键工作，详见图 3-30。

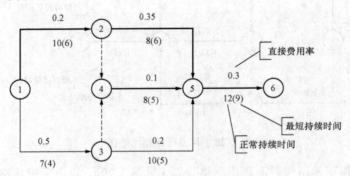

图 3-30　第一次压缩关键工作

计算压缩后的总费用

$$C_T' = C_T + \Delta C_{i-j} \times \Delta T_{i-j} - 间接费用率 \times \Delta T_{i-j} = 62.5 + 0.1 \times 7 - 0.35 \times 7 = 60.75 （万元）$$

2）第二次：选择工作①—②，压缩 1 天，成为 9 天；工期变为 29 天，①—③、③—⑤也变为关键工作，详见图 3-31。

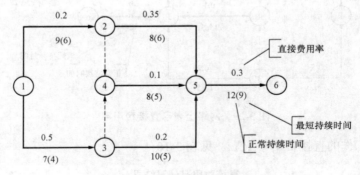

图 3-31　第二次压缩关键工作

计算压缩后的总费用

$$C_T' = C_T + \Delta C_{i-j} \times \Delta T_{i-j} - 间接费用率 \times \Delta T_{i-j} = 60.75 + 0.2 \times 1 - 0.35 \times 7 = 60.60 （万元）$$

3）第三次：选择工作⑤—⑥，压缩 3 天，成为 9 天；工期变为 26 天，关键工作没有变化，详见图 3-32。

计算压缩后的总费用

$$C_T' = C_T + \Delta C_{i-j} \times \Delta T_{i-j} - 间接费用率 \times \Delta T_{i-j} = 60.60 + 0.3 \times 3 - 0.35 \times 3 = 60.45 （万元）$$

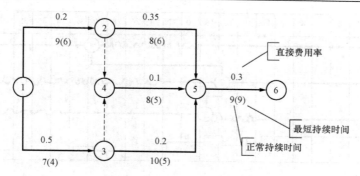

图 3-32 第三次压缩关键工作

4）第四次：选择直接费用率最小的组合①—②和③—⑤，但其值为 0.4 万元/天，大于间接费用率 0.35 万元/天，再压缩会使总费用增加。

优化方案在第三次压缩后已经得到。

3.5.3 资源优化

完成一项工作需要的资源基本不变，资源优化是通过改变工作的开始时间和完成时间使资源均衡。

资源优化有两个方面的含义：①在有限的资源约束下，如何调整网络计划使工期最短；②在工期一定的情况下，如何调整网络计划使资源利用充分。前者称为有限资源下的工期优化问题，后者称为工期规定下的资源均衡问题。

以资源有限—工期最短为例，是在满足资源限制的条件下，通过调整计划安排，使工期延长最少的优化。

优化的方法和步骤：

（1）绘制早时标网络计划，并计算每个单位时间的资源需要量。

（2）从计划开始之日起，逐个检查每个时间段的资源需要量是否超过资源限量。

（3）分析超过资源限量的时段，将一项工作安排在另一项工作之后开始，以降低该时段的资源需要量。

（4）绘制调整后的网络计划，重新计算每个时间单位的资源需要量。

（5）重复（2）～（4），直至满足要求为止。

【例 3-9】 某工程的网络计划如图 3-33 所示，假定每天只有 10 个工人可供使用，试进行资源优化。

解：（1）绘制早时标网络计划，并计算每个单位时间的资源需要量，见图 3-34。

（2）从计划开始之日起，逐个检查每个时间段的资源需要量是否超过资源限量。

（3）分析超过资源限量的时段，将一项工作安排在另一项工作之后开始，以降低该时段的资源需要量。

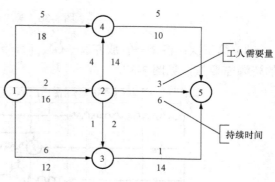

图 3-33 某工程网络计划图

1）第一次：将①—④放在①—③之后，绘制调整后的网络计划，重新计算每个时间单位的资源需要量，见图 3-35。

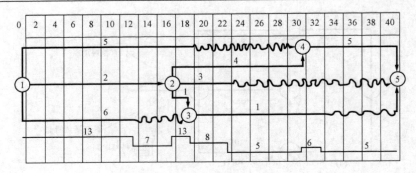

图 3-34　早时标网络计划

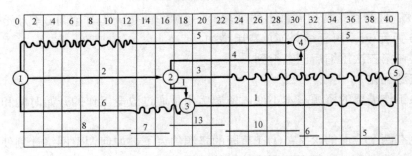

图 3-35　第一次调整网络计划

2）第二次：将②—⑤放在②—③之后，绘制调整后的网络计划，重新计算每个时间单位的资源需要量，见图 3-36。

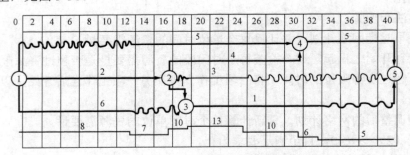

图 3-36　第二次调整网络计划

3）第三次：将②—⑤放在②—④之后，绘制调整后的网络计划，重新计算每个时间单位的资源需要量，见图 3-37。

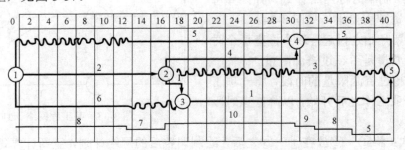

图 3-37　第三次调整网络计划

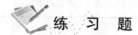

思 考 题

1. 网络计划的优点包括哪几个方面？
2. 什么叫双代号网络图？什么叫单代号网络图？
3. 什么叫虚箭线？它在双代号网络图中起什么作用？
4. 绘制双代号网络计划时必须遵守哪些绘图规则？
5. 分别说明总时差和自由时差的含义。
6. 时标网络计划有何优点？
7. 工期如何进行优化？试叙述工期优化的步骤。

练 习 题

1. 已知工作网络关系如表 3-11 所示，试根据其关系，绘制双代号网络图。

表 3-11　　　　　　　　　　　　工 作 网 络 关 系

工作	A	B	C	D	E	F
紧前工作	—	A	A	B	C	D、E

2. 已知工作网络关系如表 3-12 所示，试根据其关系，绘制双代号网络图。

表 3-12　　　　　　　　　　　　工 作 网 络 关 系

工作	A	B	C	D	E	F	G	H
紧前工作	—	—	A	C	A、B	A、B	D、E	E、F

3. 根据某厂开发新产品工作计划（见表 3-13），绘制双代号网络图，并计算各项时间参数。

表 3-13　　　　　　　　　　　　某厂开发新产品工作计划

序号	活动名称	作业代号	紧前活动	时间（周）
1	市场调查	A	—	5
2	新产品开发决策	B	A	2
3	筹集资金	C	B	5
4	设计	D	B	11
5	采购设备	E	C、D	5
6	厂房改建	F	C	7
7	设备安装	G	E、F	3
8	试生产	H	G	2
9	建立销售网络	I	G	6
10	生产、投放市场	J	H	10

4. 根据表 3-14 所示工作计划，绘制双代号网络图，并计算各项时间参数。

表 3-14   工作网络关系和持续时间

工作	A	B	C	E	F	G	H	I
紧前工作	—	—	—	C	A	A、B、E	A、B、E	C
持续时间	5	12	10	16	14	7	11	13
工作	J	K	L	M	N	O	P	Q
紧前工作	F、G	F、G	J、H、I	J、H、I	J、H、I	I	K、L	N、O
持续时间	17	9	13	8	5	13	6	14

5. 根据表 3-15 所示工作计划，绘制单代号网络图，并计算各项时间参数。

表 3-15   工作网络关系和持续时间

工作	A	B	C	D	E	F
紧前工作	—	A	A	B、C	C	D、E
紧后工作	B、C	D	D、E	F	F	—
持续时间	5	8	5	4	6	10

6. 根据表 3-16 中所列数据，绘制双代号网络图，计算工期、总时差和自由时差，并按最早时间绘制时标网络图。

表 3-16   工作网络关系和持续时间

工作代号	1—2	1—3	1—4	2—4	2—5	3—4	3—6	4—5	5—7	5—9	6—7	7—9
工作名称	A	B	C	—	D	E	F	G	H	I	—	J
持续时间	5	10	12	0	14	10	10	15	15	8	0	9

7. 网络图及原始数据如图 3-38 所示，计划工期为 70 天，箭线下方括号外为正常持续时间，括号内为最短持续时间，箭线上方为直接费用率，确定计划工期下使直接费用增加最少的压缩方案。

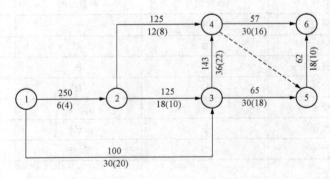

图 3-38　双代号网络图

8. 如图 3-39 所示网络计划，箭线下方括号外为正常持续时间，括号内为最短持续时间，箭线上方为直接费用率，当指定工期为 43 天时，试进行合理压缩，使费用增加最少。

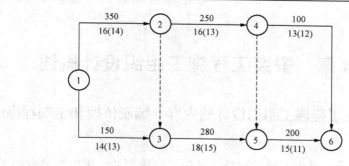

图 3-39 双代号网络图

第4章 安装工程施工组织设计概述

4.1 安装工程施工组织设计的内容、编制依据和编制程序

安装工程施工组织设计是由安装工程施工承包单位编制的，用以指导安装工程施工全过程的技术、组织、经济文件。编制安装工程施工组织设计是施工前的一项重要准备工作，也是安装工程施工企业实现科学管理的重要手段。

4.1.1 安装工程施工组织设计的内容

4.1.1.1 一般规定

（1）施工组织设计的内容应具有真实性，能够客观反映实际情况。

（2）施工组织设计的内容应涵盖项目施工全过程，做到技术先进、部署合理、工艺成熟，有针对性和指导性，可操作性强。

（3）施工组织设计中分部（分项）工程施工方法应在实施阶段细化，必要时可单独编制。

（4）施工组织设计涉及的新技术、新工艺、新材料和新设备应用，应通过有关部门组织的鉴定。

（5）施工组织设计的内容应包括常规内容和施工方法，同时根据工程实际情况和企业情况，可增设附加内容。

4.1.1.2 常规内容

施工组织设计的常规内容应包括下列各方面。

1. 工程概况

工程概况应包括工程主要情况、各专业设计简介和工程施工条件等。

2. 施工部署

（1）工程施工目标应根据施工合同、招标文件及本单位对工程管理目标的要求确定，包括进度、质量、安全、环境和成本等目标。各项目标应满足施工组织总设计中确定的总体目标。

（2）施工部署中的进度安排和空间组织应符合下列规定：

1）工程主要施工内容及其进度安排应明确说明，施工顺序应符合工序逻辑关系。

2）施工流水段应结合工程具体情况分阶段进行划分；单位工程施工阶段的划分一般包括地基基础、主体结构、装修装饰和机电设备安装三个阶段。

（3）对于工程施工的重点和难点应进行分析，包括组织管理和施工技术两个方面。

（4）应明确工程管理的组织机构形式，宜采用框图的形式表示，并确定项目经理部的工作岗位设置及其职责划分。

（5）对于工程施工中开发和使用的新技术、新工艺应做出部署，对新材料和新设备的使用应提出技术及管理要求。

（6）如果是总承包施工单位，还要对主要分包工程施工单位的选择要求及管理方式进行简要说明。

3. 施工进度计划

单位工程施工进度计划应按照施工部署的安排进行编制。施工进度计划可采用网络图或横道图表示，并附必要说明；对于工程规模较大或较复杂的工程，宜采用网络图表示。

4. 施工准备与资源配置计划

（1）施工准备应包括技术准备、现场准备和资金准备等。

（2）资源配置计划应包括劳动力计划和物资配置计划等。

5. 主要施工方案

（1）单位工程应按照 GB/T 50300—2013《建筑工程施工质量验收统一标准》中分部（分项）工程的划分原则，对主要分部（分项）工程制定施工方案。

（2）对脚手架工程、起重吊装工程、临时用水用电工程、季节性施工等专项工程所采用的施工方案，应进行必要的验算和说明。

（3）明确分部（分项）工程或专项工程施工方法并进行必要的技术核算，对主要分项工程（工序）明确施工工艺要求。

（4）对易发生质量通病、易出现安全问题、施工难度大、技术含量高的分项工程（工序）等应重点说明。

（5）对开发和使用的新技术、新工艺以及采用的新材料、新设备，应通过必要的试验或论证并制订计划。

6. 施工现场平面布置

施工现场平面布置图要结合施工组织总设计，按不同施工阶段分别绘制。

4.1.1.3　主要施工管理计划

施工管理计划应包括进度管理计划、质量管理计划、安全管理计划、环境管理计划、成本管理计划及其他管理计划等内容。各项管理计划的制订，应根据项目的特点有所侧重。

1. 进度管理计划

（1）项目施工进度管理应按照项目施工的技术规律和合理的施工顺序，保证各工序在时间上和空间上的顺利衔接。

（2）进度管理计划应包括下列内容：

1）对项目施工进度计划进行逐级分解，通过阶段性目标的实现保证最终工期目标的完成。

2）建立施工进度管理的组织机构并明确职责，制定相应的管理制度。

3）针对不同施工阶段的特点，制定进度管理的相应措施，包括施工组织措施、技术措施和合同措施等。

4）建立施工进度动态管理机制，及时纠正施工过程中的进度偏差，并制定特殊情况下的赶工措施。

5）根据项目周边环境特点，制定相应的协调措施，减少外部因素对施工进度的影响。

2. 质量管理计划

（1）质量管理计划可参照 GB/T 19001—2008《质量管理体系　要求》，在施工单位质量管理体系的框架内编制。

（2）质量管理计划应包括下列内容：

1）按照项目具体要求确定质量目标并进行目标分解，质量指标应具有可测量性。

2）建立项目质量管理的组织机构并明确职责。

3）制定符合项目特点的技术保障和资源保障措施，通过可靠的预防控制措施，保证质量目标的实现。

4）建立质量过程检查制度，并对质量事故的处理做出相应规定。

3. 安全管理计划

（1）安全管理计划可参照 GB/T 28001—2011《职业健康安全管理体系　要求》，在施工单位安全管理体系的框架内编制。

（2）安全管理计划应包括下列内容：

1）确定项目重要危险源，制定项目职业健康安全管理目标。

2）建立有管理层次的项目安全管理组织机构并明确职责。

3）根据项目特点，进行职业健康安全方面的资源配置。

4）建立具有针对性的安全生产管理制度和职工安全教育培训制度。

5）针对项目重要危险源，制定相应的安全技术措施；对达到一定规模的、危险性较大的分部（分项）工程和特殊工种的作业，应制订专项安全技术措施的编制计划。

6）根据季节、气候的变化制定相应的季节性安全施工措施。

7）建立现场安全检查制度，并对安全事故的处理做出相应规定。

（3）现场安全管理应符合国家和地方政府部门的要求。

4. 环境管理计划

（1）环境管理计划可参照 GB/T 24001—2004《环境管理体系　要求及使用指南》，在施工单位环境管理体系的框架内编制。

（2）环境管理计划应包括下列内容：

1）确定项目重要环境因素，制定项目环境管理目标。

2）建立项目环境管理的组织机构并明确职责。

3）根据项目特点进行环境保护方面的资源配置。

4）制定现场环境保护的控制措施。

5）建立现场环境检查制度，并对环境事故的处理做出相应规定。

（3）现场环境管理应符合国家和地方政府部门的要求。

5. 成本管理计划

（1）成本管理计划应以项目施工预算和施工进度计划为依据编制。

（2）成本管理计划应包括下列内容：

1）根据项目施工预算，制定项目施工成本目标。

2）根据施工进度计划，对项目施工成本目标进行阶段分解。

3）建立施工成本管理的组织机构并明确职责，制定相应的管理制度。

4）采取合理的技术、组织和合同等措施，控制施工成本。

5）确定科学的成本分析方法，制定必要的纠偏措施和风险控制措施。

（3）必须正确处理成本与进度、质量、安全和环境等之间的关系。

6. 其他管理计划

（1）其他管理计划宜包括绿色施工管理计划、防火保安管理计划、合同管理计划、组织协调管理计划、创优质工程管理计划、质量保修管理计划，以及对施工现场人力资源、施工机具、材料设备等生产要素的管理计划等。

（2）其他管理计划可根据项目的特点和复杂程度加以取舍。

（3）各项管理计划的内容应有目标，有组织机构，有资源配置，有管理制度和技术、组织措施等。

4.1.2 安装工程施工组织设计的编制依据

（1）上级机关对该项工程有关的批示和要求；建设单位对施工的要求；项目招标文件的要求、施工合同中的有关规定等。

（2）施工企业年度施工计划对该工程的安排和规定的各项指标。

（3）经过会审的建筑安装施工图、会审记录及图纸修改核定单，有关标准图纸，以及项目的总平面布置图等。

（4）开、竣工日期，设备安装进场时间和对土建施工的要求。

（5）建设单位和总承包单位对工程施工可能提供的条件，如水、电供应以及可借用作为临时办公、仓库的施工用房等。

（6）工程施工时能配备的劳动力情况；各种材料、预制构件、加工品来源及供应情况；施工主要机械的配备条件及其生产能力。

（7）施工现场的调查资料，如地形、水文、气象、交通运输、地上地下的障碍物等情况。

（8）预算文件，有关定额及规范、规程等。工程的预算文件等提供了工程量和预算成本。国家的施工验收规范、质量标准、操作规程和有关定额是确定施工方案、编制进度计划等的主要依据。

（9）有关参考资料及施工组织设计实例。

4.1.3 安装工程施工组织设计的编制程序

安装工程施工组织设计的编制程序如图 4-1 所示。

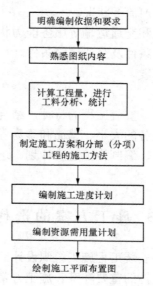

图 4-1 安装工程施工组织设计的编制程序

4.2　工程概况和施工特点分析

4.2.1　工程概况

工程概况应包括项目主要情况和项目主要施工条件等。

4.2.1.1　项目主要情况

项目主要情况应包括下列内容：

（1）项目名称、性质、地理位置和建设规模。项目性质可分为工业和民用两大类，应简要介绍项目的使用功能；建设规模可包括项目的占地总面积、投资规模（产量）、分期分批建设范围等。

（2）项目的建设、勘察、设计和监理等相关单位的情况。

（3）项目设计概况。简要介绍项目的建筑面积、建筑高度、建筑层数、结构形式、安装工程和机电设备的配置等情况。

（4）项目承包范围及主要分包工程范围。

（5）施工合同或招标文件对项目施工的重点要求。

（6）其他应说明的情况。

4.2.1.2　项目主要施工条件

项目主要施工条件应包括下列内容：

（1）项目建设地点气象状况。简要介绍项目建设地点的气温、雨、雪、风和雷电等气象变化情况，以及冬、雨期的期限和冬季土的冻结深度等情况。

（2）项目施工区域的地形和工程水文地质状况。简要介绍项目施工区域的地形变化和绝对标高，土的性质和类别，河流流量和水质、最高洪水和枯水期水位，地下水位的高低变化等情况。

（3）项目施工区域地上、地下管线及相邻的地上、地下建（构）筑物情况。

（4）与项目施工有关的道路、河流等状况。

（5）当地建筑材料、设备供应和交通运输等服务能力状况；简要介绍建设项目的主要材料、特殊材料和生产工艺设备供应条件及交通运输条件。

（6）其他与施工有关的主要因素。

4.2.2　工程施工特点分析

对拟建工程对象的性质、类型、安装工程的特征，结合工程的具体施工条件，进行必要的特点分析，不仅可以明确施工任务的大小、繁简和难易程度，更可提出工程施工中的重点和关键问题，以便在拟定施工方案、编制施工进度计划、进行施工现场平面布置时，予以充分考虑，加以重点解决。

4.3　施 工 方 案 的 选 择

合理选择施工方案是建筑设备安装工程施工组织设计的核心，直接影响单位工程的施工效果，是单位工程施工设计中决策性的重要环节。施工方案包括施工程序的确定、施工阶段的划分、施工顺序及流水施工的组织及主要分部（分项）工程的施工方法。拟定施工方案时，一般须对主要工程项目的几种可能采用的施工方法作技术经济比较，然后选择最优方案作为安排施工进度计划、设计施工平面图的依据。在拟定施工方案前，应先研究决定下列几个主要问题：

（1）整个施工的开展程序，施工应划分成几个施工段及每个施工段中需配备哪些主要机械。

（2）工程施工中哪些构件是现场制作，哪些构件由加工厂预制，工程施工中需配备多少劳动力和多少机械设备。

（3）管道安装、设备安装和土建、装修应如何配合，有哪些协作单位。

（4）施工总工期及完成各主要施工阶段的控制工期。

最后，将以上研究决定的主要问题与其他需要解决的有关施工组织与技术问题结合起来，拟定出整个建筑设备安装工程的施工方案。

4.3.1　施工方法和施工机械的选择

由于建筑产品和施工条件不同，相应的施工工艺和施工方法也就各不相同。特别是建筑设备安装工程，为满足各种生产和生活的不同需要，所使用的设备、材料与零配件多种多样，加之各施工单位的施工技术和加工预制的能力不同，因而所采用的施工工艺和方法就会有很大的差异。

施工方法的选择，主要是根据工程的构成和工艺特点、工程量的大小、工期长短、物资供应条件、场地四周环境，以及施工单位的技术能力与机械设备等因素形成几个可行的方案。

在拟定施工方法时，应着重考虑影响整个单位工程的分部（分项）工程的施工方法。对那些按照常规施工和工人较熟悉的分项工程，则不必详细拟定，只要提出一些应注意的事项即可。那些工程量大、在单位工程中占重要地位的分部（分项）工程，施工技术复杂或采用新技术、新工艺以及对工程质量起关键作用的分部（分项）工程，则要拟定出详细的施工方法。对于不熟悉的具有特殊要求，由特殊材料、特殊设备组成的工程，必要时要编制单独的分部（分项）工程施工技术方案。

施工机械和施工方法是紧密相连的。选择施工方法时，应尽量考虑如何提高机械化施工的程度，选择较先进的施工机械，采用制作与安装分开的工业化的施工方法。以机械化生产代替繁重的手工操作，从而提高工程施工速度、质量和劳动生产率，降低工程成本。下面以某民用建筑机电安装工程施工方法为例进行说明。

4.3.1.1　通风空调工程

1. 通风空调工程施工方法

（1）套管预埋：

1）空调水系统管道穿过有防水要求的楼板时，设置刚性防水套管，如图 4-2 所示。

2）管道穿过普通墙体时，设置普通套管，如图 4-3 所示。

（2）风管制作安装：

1）风管空调及通风风管如果使用镀锌铁皮，应按规格选用不同的连接方式；锅炉烟囱采用不锈钢风管焊接；排烟风管铁皮厚度按高压系统执行。

2）风管按系统编号组对，连接螺母置于同一侧；角钢法兰垫料均匀。组装后的风管置于移动式升降平台上，提升风管至比最终标高高出 200mm 左右处。吊杆的末端需提供足够的螺纹段供调节风管道的水平高度。

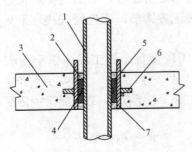

图4-2　刚性防水套管预埋示意图

1—钢管；2—密封填料；3—楼板；4—挡圈；
5—油麻；6—止水翼；7—钢套管

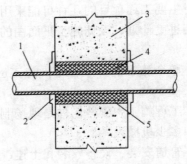

图4-3　普通套管预埋示意图

1—钢管；2—装饰盖板；3—隔墙；
4—密封填料；5—普通套管

3）拉水平线紧固支架横担，放下风管至横担上，固定支架，确定安装高度。按要求设置设定测试点、检查孔。对于需要保温的风管，在确定其高度时要考虑保温层的厚度。

（3）风管漏光检测。在黑暗的环境下，用电压为24V、功率在100W以上、带保护罩的灯泡沿着被检测风管缓慢移动，在另一侧进行观察，有光线射出则说明查到明显漏风处，做好记录并进行修补。

（4）风管保温。镀锌铁皮风管使用B1级橡塑板保温。保温层密实，无裂缝、空隙等缺陷，表面平整。支、吊架处保温层内垫绝热系数高的硬质垫木，防止保温材料受力变形。风管阀部件的保温独立施工，保证操作灵活。

（5）风管支架设置。支、吊架设置前应对每个系统的支吊架进行整体规划。要兼顾其他专业的管线布置情况，以确定是否采用共用支架或组合式支架。所有吊杆的末端须提供足够的螺纹段，供调节风管道的水平高度。所有螺母及防松锁紧螺母须配有垫圈，而突出螺母的螺杆部分均需齐平切割。

（6）风管软接安装：

1）一般风管软管采用难燃型预氧丝复合布制作，排烟风管软管采用黑色防火织物双层铝箔复合材料制作。风机进出口软接长度以150～200mm为宜，软接头的安装松紧适当，不得扭曲；不能通过软接头找正或变径。

2）接风口金属保温软管的最大长度不宜超过2m，连接采用卡箍紧固的方式，插接长度应大于50mm。

（7）防火阀安装。风阀安装在便于操作和检修的部位，安装方向正确，安装后的手动或电动操作装置灵活、可靠，阀门关闭时保持严密。防火阀安装要注意位置和水平距离，易熔件迎向气流方向，设置独立的吊杆。

（8）风管检测孔安装，如图4-4所示。

（9）风口安装。风口与风管的连接应严密、牢固。边框与建筑装饰面贴实，外表面应平整不变形，调节应灵活。同一厅室、房间的相同风口安装高度一致，排列整齐、美观。调节部分应灵活，叶片应平直，同边框不得碰撞。

（10）大管径空调水管安装：

1）在已安装管道的底边及侧边点焊3根50mm×5mm的角钢作为辅助。将倒链1、2分别固定在拟吊装的钢管两端固定点上，然后收紧倒链 1，先提起管道一端。

2）管道一端提升至高出已安装管道时，开始收紧倒链 2，管道慢慢向上方移动，在管道上移同时收紧倒链 1。

3）在同时收紧倒链 1 和倒链 2 的过程中，管道慢慢转至水平位置，开始安装管道支架，然后收紧倒链 2，松开倒链 1，将管道平搁在支架上。

4）从横向拟拉方向挂上倒链 3 并慢慢收紧，同时松开倒链 2，保持管道水平向拟拉方向移动，进行管道组对，将需要组对的管道缓慢移动到角钢导槽中点焊定位，同时补充相应支架。

（11）水管保温。空调水管保温材料采用橡塑保温套管，保温层切开后，保温材料的接口、所有缝隙、内壁及管道外壁满涂胶水。保温层的纵向拼缝

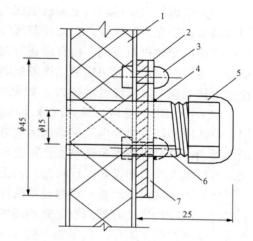

图 4-4　风管检测孔安装示意图

1—风管；2—孔板；3—紧固件；4—焊接；

5—密封帽；6—镀锌钢管；7—密封垫

应置于管道上部，相邻保温层的纵向拼缝错开一定角度。两段保温管连接处用专用胶带绑扎。管道部件单独保温。

（12）空调水阀门安装。空调冷却、冷冻水管管径小于 100mm 的采用闸阀，若还需作调节用，则采用截止阀；大于或等于 100mm 的采用蝶阀；小于或等于 50mm 的采用铜制阀门。所有阀门安装前必须按规定做严密性及强度试验。阀门的安装位置、高度、进出口方向必须符合设计要求，连接应牢固、紧密，安装在便于操作的地方并注意阀柄的安装方位。阀体上标示箭头与介质流动方向一致。

（13）空调水试压冲洗。空调水管道采用分区、分层试压和系统试压相结合的方法进行水压试验。试压前编制试压方案，严格按施工规范进行试压工作。空调水管道安装完后按分支环路进行清洗排污，直至排水清洗净为止，并做好清洗记录。凝结水系统采用充水试验，以不渗漏为合格。

2. **通风空调工程单机调试方法及要求**

（1）水泵试运转。水泵试运转在设计负荷下连续运转不应少于 2h，运转中应无异常振动和声响，壳体密封处不得渗漏，紧固连接部位不应松动，轴承的温升正常。关闭出口阀门，开启进水阀，待水泵运行后再将出水阀打开。水泵点动，观察电动机运转方向是否正常。水泵再次启动时，检测电动机、电压、电流、振动、转速及噪声等技术参数。水泵运行过程中，应监听水泵轴泵、电动机轴承有无杂音。水泵经检查符合要求后，按规定连续运转 2h，如无异常即为合格。

（2）风机试运转。在额定转速下的试运转时间不得少于 2h，叶轮无卡阻和碰擦现象，旋转方向必须正确，手盘叶轮两次应停留在不同位置。风机运转前加上适度的润滑油，并检查各项安全措施，盘动叶轮，观察有无卡阻及碰擦现象。启动风机，观察叶轮旋转方向是否正确，有无异常振动及声响。检查轴承温升是否正常。用转速表测试风机主轴的转速，重复测量三次取其平均值，判断是否与铭牌相符。测试电动机电流、功率是否与铭牌相符。风机在额定转速下试运转 2h 以上。

（3）空调机组试运转。空调机组试运前，应清理干净机房。开空调机前，应将风道和风口的调节阀放在全开位置，三通调节阀放在中间位置，空气处理室中的各种阀门也放在实际运行位置。空调机组点动，检查运转方向是否正确。空调机组正式启动时，机内不得有异物杂音；运转正常后，应用钳形电流表检测启动电流、运行电流、振动、转速及噪声。经上述检查确认无误后，应连续运转 2h，如无异常即为合格。

（4）冷却塔试运转。认真清理冷却塔内杂物，尤其是排水槽是否顺畅，以防运行时溢出。启动冷却塔后检查电动风扇的运转方向，并使其符合运行要求。冷却塔旋转布水器应灵活、适当，调整进塔水量使喷水量和吸水量达到平衡状态，不得出现溢流。冷却塔运转后，记录各种电气参数和设备运行状态，如无异常情况，应连续运行 2h，并做好运行记录。

（5）冷水机组试运转。根据设备的技术要求，现场密切配合厂家保证外部设备可靠、有效工作。制冷机启动时外部设备启动顺序为：冷却泵→次冷冻泵开启电动阀→冷却水塔→制冷机。制冷机关闭顺序：关闭制冷机→冷却塔→次冷冻泵→冷却水泵→冷冻机出水电动阀→冷却塔出入水电动阀，各设备的开启和关闭时间按制冷机厂商的要求配合整定。在主机运行过程中，按启停顺序认真检查设备工作状态，并填表记录。

3. 通风空调工程系统调试方法及要求

（1）系统风量测试。开启风机前，将风道和风口本身的调节阀门放在全开位置。用风速仪测量干、支管风量。测量截面的位置选择在气流均匀处，按气流方向，应选择在产生局部阻力之后大于或等于 4 倍管径及局部阻力之前大于或等于 1.5 倍管径的直管段上。在风管内测定平均风速时，应将风管测定截面划分为若干个相等的小截面使之尽量接近正方形，以测得较匀风速。通风机及空调设备出口的测定截面积的位置按系统风量测定要求选取，其测定截面积的位置靠近风机。分别测试风机吸入端的风量及其压出端的风量，计算其平均值，即得出该风机出风量。通风机风压为风机进出口处的全压差，用压力计测出。测定风口风量时，分取 5 个测点用风速仪测出风口处的风速，计算出平均值，再乘以风口净面积即得到风口风量值。

（2）系统风量调整。系统风量调整采用"流量等比分配法"或"基准风口法"，从系统最不利环路的末端开始，逐步调向通风机。调节各风管上的调节阀的开启度以调节风量，然后进行总风量调整，最终将系统风量调整平衡：

1）按设计要求调整送风和回风各干、支管及送风口的风量。

2）按设计要求调整空调器内的风量。

3）在系统风量经调整达到平衡后，进一步调整通风机的风量，使之满足空调系统的要求。

4）经调整后在各部分调节阀不变动的情况下，重新测定各处的风量作为最后的实测风量。

（3）气流组织。采用调节风口叶片的方向等方法调节送风的流向，改变气流组织以满足房间功能要求。

（4）噪声。位于市区的工程对噪声控制有较高要求，空调部分设备多，是主要的噪声源。空调风管也是可能的噪声源，因此空调系统应进行严格的噪声测试。

4.3.1.2　给排水工程

1. 给排水工程施工方法

（1）套管预埋。管道穿过有防水要求的楼板时，设置套管同"4.3.1.1　通风空调工程"。给排水管道穿过地下室建筑外墙时，设置柔性防水套管，如图 4-5 所示。

（2）阀门安装。阀门安装前，应做强度和严密性试验。试验应以每批数量中抽查 10%，且不少于一个，对于安装在主干管上起切断作用的闭路阀门，应逐个做强度和严密性试验。

（3）PVC 管粘接。管道断口应平齐、无毛刺，用毛刷涂抹粘接剂，先涂抹承口，后涂抹插口，随即用力垂直插入。插入粘接时将插口稍作转动，粘接剂分布均匀。

（4）PP-R 管热熔连接。使用专用切割器切割管件，清洁管道。接通电源预热后，无旋转地把PP-R 管端导入加热模具的加热套内，插入到事前标记的深度，同时，把管件放到另一端加热头上，达到规定标记处达到规定热熔时间后，把管子和管件从加热套和加热头上同时取出，迅速直线均匀地插入到所标记的深度，保证管子与管件同轴，同时接头形成均匀的凸缘。

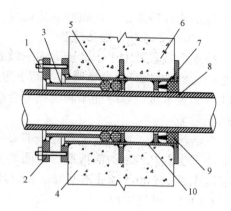

图 4-5　柔性防水套管的埋设

1—螺栓；2—法兰；3—法兰压盖；4—建筑外墙内侧；
5—密封圈；6—建筑外墙外侧；7—柔性填缝材料；
8—钢管；9—密封膏嵌缝；10—带止水翼法兰套管

（5）钢塑复合管沟槽连接：

1）上橡胶垫圈：将密封橡胶圈套入一根钢管的密封部位，注意不得损坏密封橡胶圈。

2）管道连接：将管道对齐，两根管道之间留有一定间隙，移动胶圈，调整胶圈位置，使胶圈与两侧钢管的沟槽距离相等。

3）涂润滑剂：在管道端部和橡胶圈上涂上润滑剂。

4）安装卡箍：将卡箍上、下紧扣在密封橡胶圈上，并确保卡箍凸边卡进沟槽内。

5）拧紧螺母：用手压紧上、下卡箍的耳部，使上、下卡箍靠紧并穿入螺栓，螺栓的根部椭圆颈进入卡箍的椭圆孔，拧紧螺母，确认卡箍凸边全圆周卡进沟槽内。

（6）铸铁管柔性连接。清理管道接口后，放好不锈钢圈，密封圈套入管口，密封圈翻边；插入另一管端后，橡胶圈复位；管箍移至橡胶处，锁紧紧固螺栓。

（7）管道支架设置。支架的选型、制作、安装是管道安装的重点。对于管路较多的地方，应协调安装综合支架，进行统一协调，在同一层面上的各专业支架一致，形成整体感。

（8）管道螺纹连接。清理管口端面，并形成一定坡面。螺纹连接时，填料采用白厚漆麻丝或四氟乙烯生料带，一次拧紧，不得回拧，紧后留有螺纹 2～3 圈。管道连接后，将挤到螺纹外面的填料清理干净，填料不得挤入管腔，以免阻塞管路，同时对裸露的螺纹进行防腐处理。

（9）卫生洁具安装及接管。安装卫生洁具时，宜采用预埋支架或膨胀螺栓进行固定。陶瓷件与支架接触处应平稳。用膨胀螺栓固定时，螺栓加软垫，且不得用力过猛。管道或附件与洁具的陶瓷连接外，应垫以胶皮、油灰等垫料或填料。大便器、小便器排水出口承插接头应用油灰填充，不得使用砂浆。固定脸盆等排水接头时，应通过旋紧螺母来实现，不得强行旋转落水口。

（10）水箱安装。水箱钢架安装于混凝土基础上，用地脚螺栓固定；再组装底面板，然后放在钢架上，用装配零件固定；接着组装侧面板，安装内部加强件，组装顶部面板。

2. 给排水工程试压及冲洗

给水管道与压力排水管道采用分区、分层试压和系统试压相结合的方法进行水压试验。试压前编制试压方案，严格按施工规范进行试压工作。试压完成后按分支环路进行清洗排污，直至排水清洗净为止，并做好清洗记录。

3. 排水管道灌水通球试验

排水主立管及水平干管管道均应做通球试验，通球球径不小于排水管道管径的 2/3，通球率必须达到 100%。通球试验自上而下进行，以不堵为合格。胶球从排水立管顶端投入，向管内注入一定水量，以球能顺利流出为合格。通球过程如遇堵塞，应查明位置进行疏通，直到通球无阻为止。

生活污水管、废水管道在隐蔽前必须做灌水试验，其灌水高度应以一层楼的高度且不低于底层卫生器具的上边缘或底层地面高度为宜，满水最少 30min。满水 15min 水面下降后，再灌满观察 15min，液面不下降，管道及接口无渗漏为合格。

4.3.1.3 电气工程

1. 电气工程施工方法

（1）剪力墙内接线盒预埋。现浇混凝土墙体上的电气预留盒施工时，可根据墙体保护层厚度和预留盒尺寸，利用墙体钢筋采用绑接固定，通过墙体模板将电盒夹紧、夹牢。

（2）结构楼板内电线盒预埋，如图 4-6 所示。

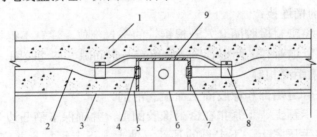

图 4-6　结构楼板内电线盒埋设示意图

1—楼板；2—电线管；3—模板；4—锁母；5—自攻螺丝；6—接线盒；7—护口；8—接地卡；9—跨接线

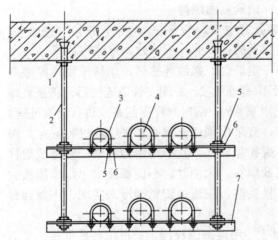

图 4-7　成排明装电线管安装示意图

1—膨胀螺栓；2—吊杆；3—U 形螺栓管卡；4—钢管；

5—螺母（M8～M10）；6—垫圈；7—角钢支架

（3）成排明装电线管安装，如图 4-7 所示。

（4）桥架安装。桥架安装应平直、整齐，水平或垂直安装的允许偏差为其长度的 2‰，全长允许偏差为 20mm。桥架敷设直线段长度超过 30m 时，以及跨越塔楼和裙楼的桥架均安装伸缩节，且伸缩灵活，并做可靠接地。

桥架在穿防火分区时，必须对桥架与建筑物之间的缝隙做防火处理。

竖井内采用梯形桥架，梯形桥架与支架应牢固连接，每 2m 固定一次。采用成品 8 号槽钢作为支架，选用膨胀螺栓进行安装。在桥架穿越楼板洞的四周用混凝土筑成一个高于地面 5cm 的水泥防水承台，以防止地面水从洞口流入桥架内，其洞口用防火材料封堵。

（5）电缆敷设。敷设电缆时，电缆弯曲半径应符合规范要求。电缆沿桥架敷设时，水平净距也应符合规范要求。

（6）母线安装。水平封闭母线安装时，封闭母线支架采用圆钢吊杆、角钢横担，支架与楼板采用膨胀螺栓连接。封闭母线用压板与横担固定。强电井内母线为垂直安装，母线采用槽钢作支架。母线穿楼板时，考虑防振的要求，采用弹簧支架安装固定。

（7）管内穿线。各回路的导线应严格按照设计图纸选择型号规格，相线、零线及保护地线应严格区分。在穿线前，对所有管路进行清扫。放线根据施工图对导线的规格、型号进行核对，并用对应电压等级的绝缘电阻表进行通断测试。剪断导线时，导线的预留长度应按规范要求进行预留。

当导线根数较少时，可将导线前端的绝缘层削去，然后将线芯直接插入带线的盘圈内并折回压实，绑扎牢固；当导线根数较多或导线截面较大时，可将导线前端的绝缘层削去，然后将线芯斜错排列在带线上，用绑线缠绕绑扎牢固。穿线前，应检查各个管口的护口是否齐全。穿线时同一交流回路的导线必须穿在同一管内；不同回路，不同电压和交流与直流的导线，不得穿入同一管内。导线接头不能增加电阻值，不能降低原机械强度及原绝缘强度。采用搪锡方式或接线柱连接。

（8）开关插座。同一场所安装的开关切断位置一致、操作灵活，接点的接头可靠，且相线须经开关控制。单相插座安装必须按照"左零右相，上接地"的规定接线，接地端子不应与零线端子直接连接。一般场所开关、插座安装，将盒内的导线理顺，依次接线后，将盒内的导线盘成圆圈，放置在接线盒内。所有开关的通断设置的方向必须一致，且操作灵活、接触可靠。

2. 电气工程调试

电气工程调试工作主要为低压配电柜之后的动力系统及照明系统的调试。动力、照明系统调试分阶段进行，先进行配电干线送电，再进行照明调试及动力设备调试。

（1）配电干线送电。配电干线送电是指从变配电室向各楼层配电箱送电的过程。正式通电前断开配电干线系统的所有开关。送电过程中，从配电柜按顺序合闸，每一个开关合闸后立即挂上通电标识，每合一路，送电方与受电方及时联系，确信回路正确后，方可送下一路。电缆绝缘摇测需测试 L1 与 L2、L2 与 L3、L3 与 L1、各相与地线之间、各相与零线之间、零线与地线之间的绝缘电阻值，绝缘电阻值大于 0.5MΩ。送电前，对配电箱需进行测试，检查二次回路接线是否正确，二次回路的绝缘值是否符合规范要求，箱内元器件的各项参数是否符合产品技术与国家规范要求。

（2）动力调试要求。动力调试主要包括动力线路绝缘电阻测试、电动机检查、1A 小电流送电测试、空载负荷调试、满载负荷调试。

1）动力线路绝缘电阻测试。L1 与 L2、L2 与 L3、L3 与 L1、各相与地线之间的缘电阻值大于 0.5MΩ。

2）电动机检查。用 1000V 绝缘电阻表，对电动机的定子、转子绕组之间及其对地的绝缘电阻进行摇测，绝缘电阻值不低于 1MΩ。电动机转子转动灵活，无碰卡现象。电动机引出线相位正确，固定牢固，连接紧密。电动机外壳油漆完整，保护接地良好。

3）1A 小电流送电测试。从附近的临时配电箱引出三相四线的电源（L1、L2、L3、PE）至三相 1A 的熔丝开关，熔丝开关通过电缆与配电箱输出空气端子连接。当电动机或线路不正常时，1A 熔丝熔断以保护设备及线路。

4）空载负荷调试。空载情况下，运行 2h。检查电动机的旋转方向是否符合要求，声音是否正常；电动机空载电流是否符合生产商要求；换向器、滑环及电刷的工作情况是否正常；电动机的振动是否符合规范要求。

5）满载负荷调试。手动启动用电设备，调试水泵及风机叶轮运转的正确方向；运转中应无异常振动和声响，紧固连接部位不应松动；测量电动机电流，与电动机铭牌对照，不应超过电动机铭牌额定值；测量电动机转速，与电动机铭牌对照，不应超过电动机铭牌额定值；测量电动机温度，滑动轴承的最高温度不得超过 70℃，滚动轴承的最高温度不得超过 75℃；做好各种数据的记录；手动启动用电设备使用正常后，停止受电设备，然后把自动/手动开关旋到自动挡，使用电设备进入自动控制状态。

（3）照明调试，包括：

1）照明线路绝缘电阻测试。相线与地线之间、相线与零线之间、零线与地线之间的绝缘电阻值大于 0.5MΩ。

2）照明器具检查。主要检查照明器具的接线是否正确，接线是否牢固，灯具内部线路的绝缘电阻值是否符合设计要求。

3）照明送电。按照配电箱的顺序对照明器具进行送电。送电后，检查灯具开关是否灵活，开关与灯具控制顺序是否对应，插座的相位是否正确。

4）照明全负荷试验。全负荷通电试验时间为 24h，所有照明灯具均应开启，每小时记录运行状态 1 次，连续试运行时间内无故障。同时测试室内照度是否与设计一致，检查各灯具发热、发光有无异常。

4.3.1.4　常见设备安装

1. 水泵安装

水泵采用减振基础，与管道间的连接设置软接头作减振处理，管道用减振吊架安装。

2. 潜水泵安装

先安装固定耦合装置，再安装泵体，系好缆绳。

3. 高低压配电柜安装

高低压配电柜运至设备层后，使用液压叉车叉起设备底部，搬运至配电间内。搬运过程中，不应有冲击或严重振动的情况，注意确保设备和人身安全，速度不可过快。

采用门形架吊装就位，就位时按照施工图布置的位置将高低压配电柜放在基础型钢上。安装时须注意：配电柜安装必须接地可靠，接线必须符合相关规范要求。

4. 冷水机组安装

冷水机组找平后，方可连接冷冻水、冷却水管道，应采用柔性接头进行连接。管道必须有独立的支撑，机组安装完成后，关闭机组进出口阀门，在管路系统冲洗完成前不得打开，避免杂质进入机组内。

5. 冷却塔安装

冷却塔常设于楼顶。配件卸车后散件要分类堆码，准备组装。在组装过程中，需对其质量进行过程监控。各连接部件均应采用镀锌螺栓，有振动部位的连接需加设弹簧垫圈。施工过程中做好防火措施。

6. 板式换热器安装

板式换热器接管应在设备固定找平后进行。换热器的垂直度偏差不得大于 2/1000mm，水平度偏差不大于 2/1000mm。设备进出水管的最低点安装便于操作的泄水阀。

7. 空调机组安装

空调机组在结构施工时吊运至相应楼层内，并做好保护措施。机组各段连接时应按厂家要求进行，保证组装好的机组整体平直、表面平整，连接严密、牢固。

8. 吊顶式风机箱安装

风机的进出风管等装置应有独立的支撑，消防风机进出口采用耐高温防火软接头。吊装风机至顶棚的距离超过 1000mm 时，应先安装钢架，再进行风机吊装。风机设备安装前，应将拆卸并清洗轴承、传动部位及调节机构，装配后使其传动、调节灵活。

9. 落地式风机箱安装

风机箱安装前，应在基础表面铲出麻面，使二次浇灌的混凝土或水泥砂浆能与基础紧密结合；基础承受荷载的范围应满足规范要求；地脚螺栓稳固，并有防松动措施。

10. 风机盘管安装

风机盘管应安装牢固，减振可靠。凝结水盘使用不锈钢加长型；凝结水管采用软性连接，软管长度不大于 300mm，且安装坡度应正确。暗装的卧式风机盘管安装时，吊顶应留有活动检查门，便于机组能整体拆卸和维修。

4.3.1.5　设备基础与减振

1. 设备基础

（1）在结构施工前进行设备基础尺寸、位置的初步深化设计，按基础预留图进行施工。对于影响较大的设备，应配合业主在结构施工前决定设备基础尺寸、荷载。

（2）设备选型确定后，将进行进一步的深化设计，确定基础的完全形状、尺寸、位置。需要二次灌浆安装地脚螺栓的，应在设备找正找平后进行，且灌注强度等级比基础高一级的细石混凝土，并应捣固密实；地脚螺栓不得歪斜，灌浆后注意养护。

（3）对基础进行复核验收，基础的尺寸、位置、标高、地脚螺栓的纵向及横向偏差应符合设备安装要求。

2. 设备减振

（1）建筑物对功能性、舒适性的要求较高，对噪声有高要求的，需要将设备减振作为重要控制点，在深化设计、设备选型、设备安装中均将减振作为受控点加以考虑。

（2）根据设备的不同，安装方式、位置的不同，将选用不同的减振方式。可选用橡胶隔振垫、弹簧隔振器或减振吊架，但所有减振器均应安装平整，各组隔振器承受荷载的压缩量应均匀，不得偏心。

4.3.1.6　机电系统联合调试

1. 机电系统联合调试的目的

机电系统联合调试的目的是检验建筑物系统自动控制、协调运作的能力，确保建筑物各机电系统的工作处于最佳状态，满足业主方的使用要求。首先，在系统调试过程中检查施工缺陷，测定机电设备的各项参数是否符合设计要求，并在测定设备的性能后对其进行调整，以便改善由于设备之间的相互不均衡而导致的问题，确保为业主提供良好、舒适的使用环境；其次，在系统调试过程中积累和总结系统设备材料的相关数据，为今后的系统运行及保修提供指导性的资料。

2. 机电系统联合调试的内容

机电系统联合调试是一项综合性的工作，必须严格按照工期安排组织各专业的单机测试及系统调整，并积极配合各机电专业分包商进行系统联合调试。

机电工程自动化程度高、系统复杂，机电系统联合调试的内容主要包括各机电专业系统联合调试、火灾报警系统及其联动设备、楼宇自动化系统及其控制设备、建筑智能控制系统集成。

3．机电系统联合调试的组织机构

通常，机电总承包商在机电各专业分包商的参与下，成立联动调试协调部，协调各项工作。协调部中要设立应对意外情况的应急小组，针对可能发生的意外情况制订应急预案。

4．机电系统联合调试的过程

通常，机电总承包商将会同各机电分包商编制详细的联动调试方案，送业主、监理、设计院审核、批准。组织、协调各专业分包商的调试人员、机具和试验设备，并承担调试总协调职责。选派经验丰富的机电工程专家担任现场总指挥，统一指挥和调度。

调试期间，保证通信畅通，如出现意外情况，则根据应急预案的对策进行紧急处置，保证人员和设备安全。

4.3.2 施工程序和施工顺序的确定

施工程序主要指单位工程中各分部工程、专业工程或施工段间的先后程序及其制约关系，主要有施工准备工作、单位工程施工程序、安装工程与土建配合施工的施工程序。

单位工程施工程序，土建工程一般分为基础工程、主体工程及装修工程三个施工阶段进行；建筑设备安装工程通常分别属于几个单位工程，与土建工程穿插进行。就土建与安装工程的配合关系来说，可分为封闭式、平行式和敞开式三种形式。一般情况下多采用封闭式施工程序，即土建主体结构完成后进行设备与管道安装；当土建为安装创造了必要的条件时，也可采用平行式施工程序，即安装与土建同时进行；对于一些重型工业厂房（如冶金、电站等），也可采用敞开式施工程序施工，即先安装设备，后建造厂房。

施工顺序是指分部工程中分项工程或工序之间的施工顺序，安装工程中通常是"先测量放线，后支架安装""先设备组装，后管道安装""先主干管，后立支管"等顺序。但是，客观条件的不同，有些施工程序与施工顺序将会发生变化，因此必须根据具体情况确定。下面以某民用建筑机电安装工程施工顺序为例进行说明。

1．通风空调工程

（1）主要控制工序，见表4-1。

表4-1　　　　通风空调工程施工主要控制工序

分部工程	施工关键控制点
通风系统	风管制作、风管安装、风管支架、风管漏风量试验、风管保温、设备安装、系统调试
空调水系统	水管焊接、阀门安装、水管支架、水管试压、水管保温、风机盘管安装、设备安装、系统调试

（2）施工流程，见图4-8。

（3）系统调试工艺流程，见图4-9。

2．给排水工程

（1）主要控制工序，见表4-2。

表4-2　　　　给排水工程施工主要控制工序

分部工程	施工关键控制点
给水系统	PP-R管热熔连接、钢塑复合管沟槽连接、阀门安装、管道试压
排水系统	PVC管道连接、卫生洁具安装与土建装饰的配合、重力管坡度控制
雨水系统	管道连接，灌水试验

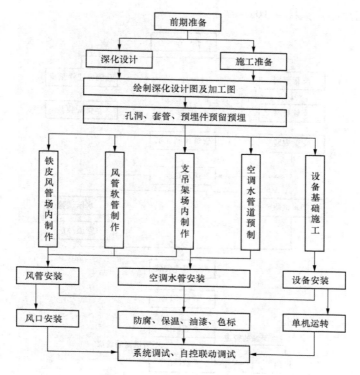

图 4-8　通风空调工程施工流程

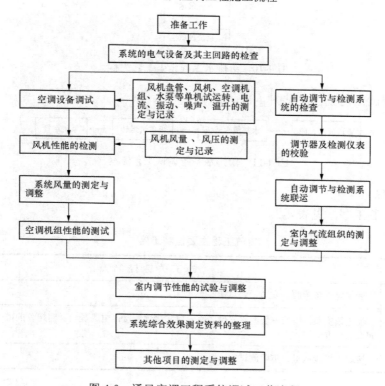

图 4-9　通风空调工程系统调试工艺流程

（2）施工工艺流程，见图4-10。

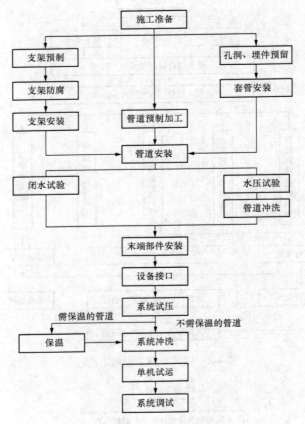

图4-10　给排水工程施工工艺流程

（3）系统调试工艺流程，见图4-11。

图4-11　给排水系统调试工艺流程

3. 电气工程

（1）主要控制工序，见表4-3。

表4-3　　　　　　　　　　　　电气工程主要控制工序

分部工程	施 工 关 键 控 制 点
变配电工程	变配电设备验收、安装、调试等
动力、照明工程	配电箱安装；桥架安装的水平度、垂直度、接地连接；电缆敷设；明配管的横平竖直；用电器具的安装高度等
防雷和接地工程	接地的焊接质量、电阻测试等

（2）施工工艺流程，见图4-12。

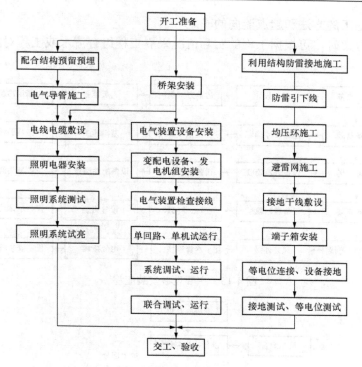

图 4-12　电气工程施工工艺流程

（3）电气工程调试流程：

1）配电干线工程送电流程，见图 4-13。

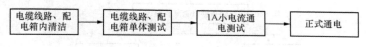

图 4-13　配电干线工程送电流程

2）照明工程调试流程，见图 4-14。

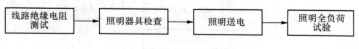

图 4-14　照明工程调试流程

4．设备安装程序

（1）设备运输。屋顶和各楼层的设备主要利用施工现场的塔吊安装，待具备安装条件后再组装就位。体积较小的空调机组与风机可利用现场的施工电梯运输至各层。机组整体运输有困难的，可解体运输后再组装就位。地下室的水泵、板换等设备，常利用汽车起重机从设备吊装孔直接吊下。设备较多的楼层可安装吊装平台，用塔吊将设备吊装到平台上，再转运进入楼层内。

（2）主要设备安装流程，见图 4-15。

（3）大型设备吊装流程，见图 4-16。

5．机电系统联合调试流程

机电系统联合调试流程见图 4-17。

4.3.3　组织施工的方法和起点流向的确定

在确定施工方案时，可根据工程的实际情况采取工程组合流水或工程对象流水的方式组织施工。

图 4-15　主要设备安装流程

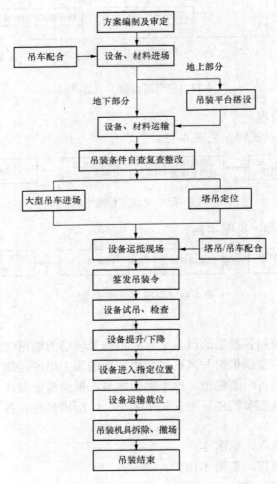

图 4-16　大型设备吊装流程

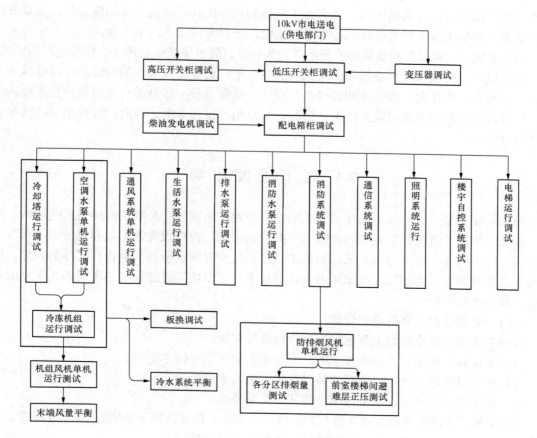

图 4-17　机电系统联合调试流程

通常，在一般民用建筑工程中，由于土建施工期较长，但又要求安装工程密切配合，尽量缩短工期以确保整个工程按时完成，因此除对安装工程施工进行科学的安排外，为了保证连续施工，防止窝工现象，对相距较近的几个工地工程可组织工地工程流水，以达到快速连续施工、保证工程质量、提高劳动生产率、降低工程成本的目的。

在确定建筑设备安装工程组织施工的方法时，应以土建工程为基础，安装工程与土建工程相互穿插进行，同时确定单位工程在平面或竖向上的施工开始部位及其流向。如住宅楼给排水工程中的立支管安装，可以从低层开始，自下而上一层一层地向上流水，也可以由最上层开始，自上而下一层一层地流水，具体采取哪种方法，应视土建装修工程的流向而定。

在确定施工起点流向时应考虑以下三个因素：

（1）建设单位使用的需要。主要是根据使用的先后顺序确定起点流向。

（2）各分部（分项）工程的繁简程度安排。对技术复杂、工期较长的部位，应先安排施工。

（3）土建装修的流向。

以上是确定施工方案的主要内容。方案的最后确定，应是在多方案比较后选出的符合施工现场实际情况的技术上先进、经济上合理、切实可行的施工方案。

施工方案的技术经济比较有定性和定量分析两种。前者是结合实际施工经验对方案进行分析比较，通常主要考虑施工操作的难易程度和安全可靠性、为后续工程提供有利条件的可能性、对冬雨季施工带来的困难、现有施工机械和设备的利用情况、文明施工等。定量分析是计算出不同施工方案的经济技术指标进行比较，一般考虑以下两个方面：

（1）工期。在确保工程质量和安全生产的条件下，能否保证连续施工、按规定日期完成。

（2）成本。在确保工程质量和安全生产的条件下，比较工程成本的高低，尽可能减少人工费、材料费、机械费、措施费和管理费等费用。定量分析一般是综合考虑各种技术经济指标，但有时根据特殊要求可能突出某一指标，其余指标仅作参考。因此，可根据具体情况客观地进行分析。

4.4　施工进度计划

施工进度计划是表示各项工作的施工顺序、开始和结束时间及相互衔接关系的计划。

安装工程施工进度计划是在确定施工方案的基础上，根据设定的工期和资源供应状况，对安装工程中的各分部（分项）工程的施工顺序、起止时间及衔接关系进行安排的计划。编制施工进度计划常用流水施工技术和网络计划技术，所以施工进度计划的图表形式常见的有横道图和网络图两种。

4.4.1　施工进度计划的编制依据

安装工程施工进度计划主要根据下列资料进行编制：

（1）工程总平面团、各专业施工图、设备工艺配置图等技术资料。

（2）施工组织总设计中有关对安装工程规定的内容及要求。

（3）各单位工程开工、竣工日期，即施工工期要求。

（4）选择确定的各主要分部（分项）工程施工方案，包括分部（分项）、施工过程或工序的划分、施工顺序、施工方法、施工机械、质量与安全措施等。

（5）工程造价文件中有关工程量，或者按施工方案的要求，计算出各分部（分项）工程的工程量。

（6）劳动定额或机械台班定额。

4.4.2　施工进度计划的编制程序

（1）收集编制依据。

（2）划分工作项目。

（3）确定施工顺序。

（4）计算工程量。

（5）计算人工消耗量和机械台班数量。

（6）确定工作项目的持续时间。

（7）绘制施工进度计划。

（8）检查与调整施工进度计划。

（9）编制正式施工进度计划。

4.4.3　施工进度计划的编制

4.4.3.1　划分工作项目

编制施工进度计划时，首先按照施工图纸和施工顺序把拟建单位工程的各个施工过程列出，并结合施工方法、施工条件、劳动组织等因素加以适当调整，使其成为编制施工进度计划需要的工作项目。

工作项目的划分主要考虑下述要求:

(1) 工作项目划分粗细要求。工作项目划分的粗细程度主要取决于客观需要。一般来说,编制控制性施工进度计划时,项目可以划分得粗一些,一般只列出施工阶段及各施工阶段的分部工程名称。编制指导性施工进度计划时,项目则要求划分得细一些,特别是其中的主导工程和主要分部工程,应尽量做到详细、具体不漏项,这样便于掌握施工进度、指导施工。

(2) 适当合并项目,简化施工进度内容的要求。工作项目划分太细,重点不突出,反而失去了指导施工的意义,同时增加了编制施工进度计划的困难。因此,可考虑将某些分项工程或施工过程合并到主要分部(分项)工程中去。

(3) 设备安装等应单独列项的要求。在施工进度计划表的工作项目栏里,对一些与安装工程有关的土建工作、装修工作也应列上,以表明它们的配合关系。

(4) 工作项目排列顺序的要求。确定的工作项目,应按拟建工程总的施工工艺顺序的要求排列,即先施工的排前面,后施工的排后面,以便编制单位工程施工进度计划时,做到施工先后有序,横道进度线编排时,做到图面清晰。

4.4.3.2 计算工程量

工程量应根据施工图和工程量计算规则进行计算。当编制施工进度计划前已有工程造价文件,并且它采用的定额和项目的划分与施工进度计划一致时,可以直接利用预算的工程量,不必重新计算。若某些项目有出入,但出入不大时,要结合工程项目的实际划分需要作某些必要的变更、调整和补充。计算工程量时应注意以下两个问题:

(1) 各分部(分项)工程的计量单位应与现行的相应定额手册中所规定的计量单位一致,以便计算劳动量、材料、机械台班数量时直接套用定额,以免进行换算。

(2) 结合施工组织的要求,分区、分段、分层计算工程量。

4.4.3.3 计算人工消耗量和机械台班数量

根据各分部(分项)工程的工程量、施工方法和有关主管部门颁发的定额,计算各施工项目所需要的人工消耗量和机械台班数量。计算方法在第 2 章中已详述。

计算人工消耗量和机械台班数量时应注意的问题有:

(1) 施工班组人数的确定。在确定施工班组人数时,应考虑最小劳动组合人数、最小工作面和可能安排的施工人数等因素。

(2) 机械台数的确定。与施工班组人数确定情况相似,也应考虑机械生产效率、施工工作面养护时间等因素确定。

4.4.3.4 确定工作项目的持续时间

实际上就是流水节拍和持续时间的计算,详见第 2 章。

4.4.3.5 编制施工进度计划

上述各项计算内容确定之后,开始编制施工进度。编制进度计划时,必须考虑各分部(分项)工程的合理施工顺序,应力求同一施工过程连续施工,并尽可能组织平行流水施工,将各个施工阶段最大限度地搭接起来,以缩短工期。对某些主要工种的专业工人,应力求使其连续工作。尽量采用分段流水作业组织施工,以保证连续施工,尽可能予以配合、穿插、搭接或平行作业。编排进度时,可先作出各施工阶段的控制性计划,在控制性计划的基础上,再按施工程序,分别安排各个施工阶段内各分部(分项)工程的施工组织和施工顺序及其进度，并将相邻施工阶段内最后一个分项工程和接着进行的下一施工阶段的最先开始的分项工程，使其相互之间最大限度地搭接，最后汇总成整个单位工程进度计划的初步方案。

4.4.3.6 检查与调整施工进度计划

施工进度计划初步方案编出后，应根据上级要求、合同规定、经济效益及施工条件等，先检查各工作项目之间的施工顺序是否合理，工期是否满足要求，劳动力等资源需要量是否均衡，然后进行调整，直至满足要求，最后编制正式的施工计划。

1. 施工顺序的检查与调整

施工进度计划安排的顺序应符合建设工程施工的客观规律，应从技术上检查各个施工项目的安排是否正确、合理，如有不当之处，应修改或调整。

2. 施工工期的检查与调整

施工进度计划安排的施工工期首先应满足上级规定或施工合同的要求，其次应具有较好的经济效果，即安排工期要合理，并不是越短越好。当工期不符合要求时，应进行必要的调整。

3. 资源消耗均衡性的检查与调整

施工进度计划的劳动力、材料、机械等的供应与使用应避免过分集中，尽量做到均衡。建设工程施工本身是一个复杂的生产过程，受到周围许多客观条件的影响，如资源供应条件的变化、气候的变化等，都会影响施工进度。因此，在执行中应随时掌握施工动态，并经常检查和调整施工进度计划。

4.5 资源需要量计划

各项资源需要量计划可用来确定建设工程工地的临时设施，并按计划供应材料、构件，调配劳动力和机械，以保证施工顺利进行。在编制单位工程施工进度计划后，就可以着手编制各项资源需要量计划。

4.5.1 劳动力需要量计划

劳动力需要量计划是安排劳动力、调配和衡量劳动力消耗指标、安排生活福利设施的依据。其编制方法是根据施工方案、施工进度和施工预算，依次确定专业工种、进场时间、劳动量和工人数，然后汇集成表格形式，作为现场劳动力调配的依据。其表格形式如表 4-4 所示。

表 4-4 劳动力需要量计划表

工种 \ 日期	×年												×年		
	1月	2月	3月	4月	5月	6月	7月	8月	9月	10月	11月	12月	1月	2月	…

4.5.2 施工机械需要量计划

施工机械需要量计划主要用于确定施工机具的类型、数量、进场时间，落实施工机具来源，组织进场。其编制方法为：将单位工程施工进度表中的每一个施工过程，每天所需要的机械类型、数量按施工工期进行汇总。其表格形式如表 4-5 所示。

表 4-5　　　　　　　　　　　　　　施工机械需要量计划表

序号	设备或仪器名称	功率（kW）	型号、规格	数量	进场时间

4.6　施工现场平面布置

要保证工程能安全、优质、高效地完成，合理、严密地进行总平面布置和科学地进行总平面的管理是十分重要的。在满足施工生产需要和政府有关规定的前提下，应按照美观、实用、节约的原则布置；有效利用场地的使用空间，对施工机械、生产生活临建、材料堆放区等进行最优化布置，满足安全生产、文明施工、方便生活和环境保护的要求。

（1）依据工程特点和安装阶段施工管理要求，实行分阶段布置和管理。

（2）充分考虑好现场办公、道路交通、现场出入口、材料周转临时堆放场地等的优化合理布置，把办公区、生产区和加工区分开布置。

（3）服从土建总承包商的统一协调，与其他分包方协商，避免各专业用地交叉造成相互影响。

（4）在保证场内交通运输畅通和满足施工对材料要求的前提下，材料堆放场地应尽量设在垂直运输机械覆盖的范围内，以减少二次搬运。

（5）尽量避免对周围环境的干扰和影响。减少对周边居民区的影响，不破坏周边的公共设施。

（6）所有材料堆放区按照"就近堆放"和"及时周转"的原则，既布置在塔吊覆盖范围内，同时考虑到交通运输的便利，又保证现场的文明施工。施工设备和材料堆放区的布置满足现场施工的使用要求，并尽量减少材料的搬运量。

（7）临时用电遵循生产生活用电分路和"三级配电三级保护"的原则，符合施工现场卫生及安全技术要求和防火规范。

（8）注意加强环境保护和文明施工的管理力度，服从土建总包对现场环境和文明施工要求的规章制度，使责任范围内的现场始终处于整洁、卫生、有序、合理的状态。

4.7　与其他专业协调施工管理计划

（1）由于机电安装工程功能繁多、线路复杂，机电安装工程常常专业分包又多，各专业间施工协调与配合显得尤为重要。通常与其他专业配合的工程包括土建工程、室外机电安装工程、电梯安装工程、精装修工程、园林工程等。

（2）施工中，各专业间要互相创造有利的施工条件，合理配合各专业的施工流水节拍，并通过总承包定期召开的协调会，解决与各专业之间在施工过程中所出现的技术、进度、质量等问题，以使整个工程能顺利施工，达到相应的各种指标。

（3）装饰工程施工前，安装各专业要完成大部分施工任务，并完成管道试压、风管漏风量测试和电气绝缘测试等部分调试工作，安装各专业内部验收和监理工程师隐蔽验收完毕。灯具、风口、报警探头、广播音响等需与装饰配合施工；对于灯具、风口、报警探头、广播音响的安装，装饰吊顶施工前安装与装饰专业工程师应积极配合，再次核定其在装饰图纸上的位置、预留尺寸和加固方式，并且在施工中协助装饰搞好测量定位工作。在与装饰配合施工期间，每天都应对安装施工人员进行成品保护教育，并制定详细的成品保护措施，以避免对装饰成品造成污染和任何损坏。

（4）联动调试阶段，各专业应成立联合调试小组，明确职责与范围，主动配合，做好服务工作，对安装工程各相关系统应达到的功能予以确认。如消防联动调试时对消火栓系统、喷淋系统、防排烟系统予以检查调整，对其达到的功能予以确认，并记录相关各种参数，及时填写资料。

（5）在对各专业进行组织、管理、协调和控制的同时，积极主动对其进行服务与支持，协助其解决施工过程中的困难，支持其与工程相关的工作。只有所有专业及时解决工程中的一切困难，高效完成各项工作，统一现场协调和管理，才能保证各专业相互之间衔接紧密，工程进展顺利，使工程步入健康、良性运行的轨道。

思 考 题

1．试述单位安装工程施工组织设计的编制依据和编制程序。
2．单位安装工程施工组织设计包括哪些内容？
3．施工方案包括哪些内容？
4．试述施工进度计划的编制步骤。

下篇　安装工程施工项目管理

第5章　项目管理概述

5.1　建设项目管理

管理是社会组织中，管理者为了实现预期的目标，以人为中心进行的协调活动。它包括4个含义：①管理是为了实现组织未来目标的活动；②管理工作的本质是协调；③管理工作存在于组织中；④管理工作的重点是对人进行管理。

管理，从工程上来说，主要就是平衡人、机械、材料、操作方法、资金的活动，使其最大限度地发挥各自的能力。

项目管理是为使项目实现所要求的质量、所规定的时限、所批准的费用预算而进行的全过程、全方位的规划、组织、控制与协调。因此，项目管理的对象是项目。项目管理的职能同所有管理的职能均相同。需要特别指出的是，项目的一次性要求项目管理的程序性和全面性，也要求科学性，主要是用工程的观念、理论和方法进行管理。项目管理的目标就是项目的目标。该目标界定了项目管理的主要内容，那就是"三控制、三管理、一协调"，即进度控制、质量控制、费用控制、职业健康安全与环境管理、合同管理、信息管理和组织协调。

建设项目管理是项目管理的一类，其管理对象是建设项目。它可以定义为：在建设项目的生命周期内，用系统工程的理论、观点和方法进行有效的规划、决策、组织、协调、控制等系统性的、科学的管理活动，从而按项目既定的质量要求、动用时间、投资总额、资源限制和环境条件，圆满地实现建设项目的目标。建设项目的管理职能如下：

（1）规划职能。这一职能可以把项目的全过程、全部目标和全部活动都纳入计划轨道，用动态的计划系统协调来控制整个项目，使建设活动协调有序地实现预期目标。正因为有了规划职能，各项工作都是可以预见和可控制的。

（2）决策职能。建设项目的建设过程是一个系统的决策过程，也是每一个建设项目的启动决策。前期决策对项目设计、项目施工及项目建成后的运行均产生重要影响。

（3）组织职能。这一职能是通过建立以项目经理为中心的组织保证系统实现的。给这个系统确定职员，授予权力，实行合同制，健全规章制度，可以进行有效的运转，确保项目目标的实现。

（4）协调职能。由于建设项目实施的各阶段、相关的层次、相关的部门之间存在着大量的结合交叉，在结合交叉处存在复杂的关系，处理不好便会形成协作配合的障碍，影响项目目标的实现，因此应通过项目管理的协调职能进行沟通，排除障碍，确保系统的正常运转。

（5）控制职能。建设项目主要目标的实现，是以控制职能为保证手段的。这是因为偏离预定目标的可能性是经常存在的，必须通过决策、计划、协调、信息反馈等手段，采用科学的管理方法，纠正偏差，确保目标的实现。目标有总体的，也有分目标和阶段目标，各项目标组成一个体系，因此，目标的控制也必须是系统的、连续的。建设目标管理的主要任务就是进行目标控制，其主要目标是投资、进度和质量。

建设目标的管理者应当是建设活动的参与各方组织，包括业主单位、设计单位和施工单位。一般由业主单位进行工程项目的总管理，即全过程的管理。该管理包括从编制项目建议书至项目竣工验收交付使用的全过程。由设计单位进行的建设项目管理一般限于设计阶段，称为设计项目管理。由施工单位进行的项目管理一般为建设项目的施工阶段，称为施工项目管理。由业主单位进行的建设项目管理如果委托给社会监理单位进行监督管理，则称为工程项目建设监理。因此，工程项目建设监理是建设监理单位受业主单位委托，按合同为业主单位进行的项目管理。

5.2　施　工　项　目　管　理

施工项目管理是由建筑施工企业对施工项目进行的管理。它主要有以下特点：

（1）施工项目的管理者是建筑施工企业。建设单位和设计单位都不进行施工项目管理。由业主单位或监理单位进行工程项目管理中涉及的施工阶段管理仍属建设项目管理，不能算作施工项目管理。监理单位把施工单位作为监督对象，虽与施工项目管理有关，但不能算作施工项目管理。

（2）施工项目管理的对象是施工项目。施工项目管理的周期也就是施工项目的生命周期，包括工程投标、签订工程项目承包合同、施工准备、施工及交工验收等。施工项目的特点给施工项目管理带来了特殊性。施工项目的特点是多样性、庞大性，施工项目管理最主要的特殊性是生产活动与市场交易活动同时进行；先有交易活动，后有"产成品"（工程项目）；买卖双方都投入生产管理，生产活动和交易活动很难分开。所以，施工项目管理是对特殊的商品、特殊的生产活动，在特殊的市场上进行特殊交易活动的管理，其复杂性和艰难性都是其他生产管理所不能比拟的。

（3）施工项目管理的内容是在一个长时间进行的有序过程中按阶段变化的。每个工程项目都按建设程序进行，也按施工程序进行，从开始到结束，要经过几年到十几年的时间。随着施工项目管理时间的推移带来了施工内容的变化，因而也要求管理内容随之发生变化。准备阶段、基础施工阶段、结构施工阶段、装修施工阶段、安装施工阶段、验收交工阶段，管理的内容差异很大。因此，管理者必须做出设计、签订合同、提出措施，进行有针对性的动态管理，并使资源优化组合，以提高施工效率和施工效益。

（4）施工项目管理要求强化组织协调工作。由于施工项目生产活动的单件性，对产生的问题难以补救或虽可补救但后果严重；由于参与项目施工人员不断在流动，需要采取特殊的组织方式，组织工作量很大；由于施工在露天环境下进行，工期长，需要的资源多，还由于施工活动涉及复杂的经济关系、技术关系、法律关系、行政关系和人际关系等，故施工项目管理中的组织协调工作最为艰难、复杂、多变，必须通过强化组织协调的方法才能保证施工顺利进行。主要的强化方法是优选项目经理，建立调度机构，配备称职的调度人员，努力使调度工作科学化、信息化，建立起动态的控制体系。

（5）施工项目管理与建设项目管理不同，详见表5-1。

表 5-1 施工项目管理与建设项目管理异同点

特 征	施 工 项 目 管 理	建 设 项 目 管 理
管理任务	生产出建筑安装产品，取得利润	取得符合要求的、能发挥应有效益的固定资产
管理内容	涉及从投标开始到交工为止的全部生产组织与管理及维修	涉及资金筹措和建设的全过程的管理
管理范围	由工程承包合同规定的承包范围，是建设项目、单项工程或单位工程的施工	由可行性研究报告确定的所有工程，是一个建设项目
管理的主体	施工企业	建设单位或其委托的咨询监理单位

5.2.1 施工项目管理在建设程序中的地位

在建设程序中，施工阶段具有特别重要的地位，因而施工项目管理便具有特殊的意义：

（1）施工阶段是由图纸转化为产品的重要阶段，实现了由精神到物质的飞跃。

（2）施工阶段是投资最多、消耗资源最多的阶段，在这一阶段中，节约的潜力是巨大的。

（3）施工阶段花费的时间最长，因此要面对时间带来的变化，就要求动态管理。

（4）施工项目管理所面临的对象和内容均有很大的特殊性，只有进行科学的施工项目管理，才能处理好这些特殊性，取得较好的经济效益。同时，要求施工项目管理要处理好施工与建设程序中其他阶段的各种关系，做到衔接适当、自成体系。

5.2.2 施工项目管理周期

施工项目管理周期可分为以下五个阶段。

1. 投标、签约

建设单位对建设项目进行设计和建设准备，当具备招标条件以后，便发出招标公告（或邀请函）。施工单位见到招标公告或接到邀请函后，从决定投标到中标签约，实质上便是在进行施工项目的工作。这是施工项目管理周期的第一阶段，该阶段的最终管理目标是签订工程承包合同。这一阶段主要进行以下工作：

（1）建筑施工企业做出是否参与投标竞争的决定。

（2）决定投标以后，进行多方面的调查研究，尽可能获得较多的信息。

（3）编制有竞争力的投标书。

（4）如果中标，则与招标方进行谈判，签订工程承包合同。

2. 施工准备

施工单位签订工程承包合同后，便可以开始进行施工准备，使工程具备开工和连续施工的基本条件。这一阶段主要进行以下工作：

（1）成立项目经理部，根据工程管理的需要建立项目经理部机构，配备相应的管理人员。

（2）编制施工组织设计，包括施工方案、施工进度计划和施工平面图，用以指导施工准备和施工。

（3）制订施工项目管理规划，以指导施工项目管理活动。

（4）进行施工现场准备，包括施工设备、现场布置等准备，使现场具备施工条件，以利于进行文明施工。

（5）编写开工申请报告，待批开工。

3. 施工

自开工至竣工之间的建造过程即为施工。在这一过程中，项目经理部既是决策机构，又是责任机构。企业管理层、业主单位、监理单位的作用是支持、监督与协调。这一阶段的目标是完成合同规定的全部施工任务，达到验收、交工的任务。这一阶段主要进行以下工作：

（1）按施工组织设计的安排进行施工。

（2）在施工中努力做好动态控制管理，保证质量目标、进度目标、成本目标和安全目标的实现。

（3）搞好施工现场管理，实行文明施工。

（4）严格履行工程承包合同，处理好内外关系，准备好合同变更及索赔等有关资料。

（5）做好记录、协调、检查、分析等工作。

4. 验收阶段

与建设项目的竣工验收阶段同步进行。该阶段主要进行以下工作：

（1）工程收尾。

（2）进行试运行。

（3）正式验收。

（4）整理、移交竣工文件，进行工程结算。

（5）办理工程移交手续。

5. 保修服务

在工程验收后，按合同规定的质量责任期进行回访与保修，其目的是保证使用单位正常使用。该阶段主要进行以下工作：

（1）为保证工程正常使用而做必要的技术咨询和服务。

（2）进行工程回访，听取使用单位的意见，总结经验教训，观察使用中的问题，进行必要的维护、维修和保修。

5.2.3　施工项目管理的内容与方法

在施工项目管理的全过程中，为了确保各阶段目标和最终目标的实现，在进行各项活动中，必须加强管理工作。必须强调，施工项目管理的主体是以施工项目经理为首的项目经理部，即作业管理层，管理的客体是具体的施工对象、施工活动及相关生产要素。

5.2.3.1　建立施工项目管理组织

（1）由施工企业采用适当的方式选聘称职的施工项目经理。

（2）根据施工项目组织原则，选用适当的组织形式，组建施工项目管理机构，明确责任、权利和义务。

（3）在遵守企业规章制度的前提下，根据施工项目管理的需要，制定施工项目管理制度。

5.2.3.2　编制施工项目管理规划

施工项目管理规划是对施工项目管理组织、内容、方法、步骤、重点进行预测和决策，做出具体安排的纲领性文件。施工项目管理规划的内容主要有：

（1）进行工程项目分解，形成施工对象分解体系，以便确定阶段控制目标，从局部到整体地进行施工活动和施工项目管理。

（2）建立施工项目管理工作体系，绘制施工项目管理工作体系图和施工项目管理工作信息流程图。

（3）编制施工管理规划，确定管理要点，形成执行文件，即施工组织设计。

5.2.3.3　进行施工项目的目标控制

施工项目的目标有阶段性目标和最终目标两种，实现各项目标是施工项目管理的目的所在，因此应进行全过程的科学控制。施工项目的控制目标有：①进度目标；②质量目标；③成本目标；④安全目标。

由于在项目的施工过程中会不断受到各种客观因素的干扰，有随时发生各种风险的可能性，故应通过组织协调和风险管理，对施工项目目标进行动态控制。

5.2.3.4　项目生产要素的优化配置和动态管理

施工项目的生产要素是指生产力作用于施工项目的有关要素，主要包括人、材料、机械设备、技术、资金，施工项目组织和管理的基本目标在于节约劳动和物化劳动。具体的内容有：

（1）进行生产要素优化配置，即适时、适量、比例适当、位置适宜地配备或投入生产，以满足施工需要。

（2）进行生产要素的优化组合，即投入施工项目的各种生产设备和人员在施工过程中搭配适当，各方协调地在工作中各自发挥应有的作用。

（3）在实施施工运转过程中对生产中的内容进行动态管理。实施过程是一个不断变化的过程，对施工的需求随时应付不同的需要，这就需要进行动态管理。动态管理的目的和前提是优化配置与组合，是优化配置和组合的手段与保证。动态管理的基本内容就是按照在建项目的内在规律，有效地计划、组织、协调、控制生产各项进程。

5.2.3.5　施工项目的合同管理

合同是施工确定及控制工程质量、进度和造价的主要依据，体现双方的经济责任，协调双方的经济关系，也是双方解决争执的依据。因此，在签订合同时必须在自愿、公平、诚实信用的情况下签署，并做到以下几点：

（1）明确合同的承包范围。建设工程有全过程承发包合同、阶段承发包合同，因此要根据不同的合同类型确定相对应的合同管理方法。

（2）提高合同的管理水平。合同的管理水平直接涉及项目管理及工程施工的技术组织结果和目标实现：①在工程施工中包括的权利义务内容要清楚和明确。如隐蔽工程和辅助工程等必须明细分工，对于增加工程量如何确认和计量，材料和设备市场价格上涨由谁承担都要有明文规定。②进度款的形式、时间、付款依据等也要协商好。任何一种付款方式都直接影响到工程分包、材料购买和施工形式等，因此需要考虑到第一期工程款的确立、材料购进方式的设定、预付款结算等。因为购买材料和支付临时工人工资都需要大量准备资金，如果合同付款方式和预付款方面做得不好，将影响今后各期施工款的支付。因此，要从工程投标开始，加强工程承包合同的策划、签订、履行和管理。合同管理是一项执法、守法活动，而市场有国内市场和国际市场，因此合同管理势必涉及国内和国际上有关法规和合同文本、合同条件，在合同管理中应给予高度重视。同时为了取得经济效益，还必须注意搞好索赔，并讲究索赔方法和技巧，提供充分的证据。

5.2.3.6　施工项目的信息和资料管理

进行施工项目管理和施工项目目标控制、动态管理，必须在项目实施的全过程中，充分利用计算机对项目有关的各类信息和资料进行收集、整理、储存和使用，提高项目管理的科学性、准确性和有效性。

第6章 施 工 准 备

施工准备是为保证顺利地进行工程施工而必须事先做好的各项工作。它既是施工生产的第一个重要阶段，又是贯穿于整个施工过程中的一项重要工作。本章主要叙述开工前施工准备工作的有关内容及要求。

6.1 施工准备工作的基本任务和内容

6.1.1 施工准备工作的基本任务

（1）取得工程施工的法律依据，包括城市规划、环卫、交通、电力、消防、市政、人防等部门批准的法律依据。

（2）通过调查研究，分析掌握工程特点、要求和关键环节。

（3）调查分析施工地区的自然条件、技术经济条件和社会生活条件。

（4）从计划、技术、物资、劳动力、设备、组织、场地等方面为施工创造必备的条件，以保证工程顺利开工和连续进行。

（5）预测可能发生的变化，提出应变措施，做好应变准备。

6.1.2 施工准备工作的内容

施工准备工作通常包括技术资料准备、施工物资准备、劳动组织准备、施工现场准备和施工现场外准备五个方面。

6.1.2.1 技术资料准备

技术资料准备是施工准备工作的核心，是确保工程质量、工期、施工安全和降低工程成本、增加企业经济效益的关键，因此必须认真做好技术资料准备工作。其主要内容有：熟悉与深化施工图纸、调查研究与收集资料、编制施工组织设计、编制施工预算文件。

1. 熟悉与深化施工图纸

（1）熟悉施工图纸的目的：

1）充分了解设计意图、技术要求和质量标准，以免施工中发生指导性错误。

2）通过审查发现设计图纸中存在的问题和错误，使其在施工作业之前改正，为操作提供一份准确、齐全的设计图纸。

3）提出合理化建议和协商有关配合施工等事宜，确保工程质量和安全，降低工程成本和缩短工期。

（2）熟悉施工图纸需把握的内容和要求：

1）审查施工图纸与说明书在内容上是否一致，施工图纸是否完整、齐全，各种施工图纸之间或各组成部分之间是否存在矛盾和误差，图纸上的尺寸、标高、坐标是否准确、一致。

2）核对建筑、结构、设备施工图纸中有关留洞的位量尺寸、标高是否一致。

3）审查土建工程与设备安装工程、安装工程各专业施工图纸之间是否存在矛盾，或施工中是否会发生干扰。

4）当拟建工程采用特殊的施工方法和特定的技术措施，或工程复杂、施工难度大时，应审查该企业在技术上、装备条件上或特殊材料、构配件的加工订货上的力量或能力，能否满足工程质量、施工安全和工期的要求，是否能达到设计要求。

在熟悉图纸时，对发现的问题应在图纸的相应位置做出标记，并做好记录，会审时提出意见及解决问题的建议，经协商解决。

（3）深化施工图纸的目标：对于较复杂或较大型的机电工程来说，系统更多，功能更特殊，技术要求更高，更加复杂，有必要深化施工图纸。常见的机电系统设有空调水系统、空调通风系统、防排烟系统、弱电系统、电气系统、给排水系统、消防系统等多专业系统，管线设备密集。通过深化设计图纸，可以补充和完善设计图纸，合理布置机电各系统的设备及管路，满足设计和使用功能要求，具体体现在以下几个方面：

1）通过深化设计工作，为机电工程整体协调理清思路，为所有机电工程的整合创造条件。

2）通过对机电各系统设备管线的精确定位，明确设备管线细部做法，直接指导施工。

3）综合协调机房、各楼层、设备竖井的管线位置，综合排布墙壁、天花上机电末端器具，力求各专业的管线及设备布置合理、整齐美观。

4）提前解决图纸中可能存在的问题，减少管线"打架"现象，以免因变更和拆改造成不必要的损失。

5）在满足规范的前提下，合理布置机电管线，提供最大的使用空间。

6）合理安排设备位置，尤其是在吊顶内的器具，一定要根据现场实际情况准确地反映到图纸上，便于后期操作和检修。

（4）深化施工图纸的步骤和流程：

1）初步深化设计图的绘制与审核。由设计单位及机电总承包单位设计部门进行设计交底与图纸会审后，机电分包商根据招标图、相应规范等设计文件，按统一的各专业图层、线型、颜色、字体设置的要求绘制各专业初步深化施工图，将设计交底、图纸会审的内容反映在图纸上，并提交机电总包审核。经机电总包专业机电设计师及项目深化设计负责人审核后，提交业主审核。

2）机电综合管线平、剖面图及三维图的绘制。在业主批准的初步深化施工图纸的基础上，由机电总包综合协调，结构、建筑、机电、装饰等各专业分包商分工协作，绘制综合管线平、剖面图及重点部位的机电三维管线图，将各专业分不同图层、不同颜色绘制在同一图中，进行对比检查并协调各专业管线的位置、标高。

深化施工图纸的步骤和流程见图6-1。

2. 调查研究与收集资料

原始资料是工程设计及施工组织设计的重

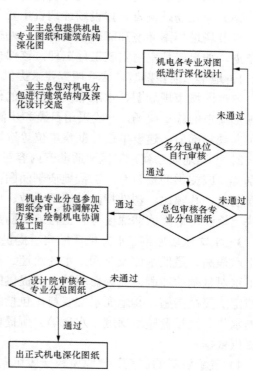

图6-1　深化施工图纸的步骤和流程

要依据之一。原始资料的调查主要是对工程条件、工程环境特点和施工条件等施工技术与组织的基础资料进行调查,以此作为施工准备工作的依据,同时也可作为选择施工方案和确定费用的依据。原始资料调查工作应有计划、有目的地进行,且事先要拟定明确、详细的调查提纲。调查的范围、内容、要求等,应根据拟建工程的规模、性质、复杂程度、工期及对当地的熟悉了解程度而定。

原始资料的调查一般包括技术经济资料和建设场址的调查。

(1)建设地区的交通调查。首先了解工程有无超长、超宽、超高或超重的大型构件、大型起重机械和生产工艺设备需整体运输,如果需要运输,可采用哪种运输方式。交通运输方式一般有铁路、公路、水路、航空等。交通资料可向当地铁路、交通运输和民航管理局等相关业务部门进行调查。同时还要了解大型车辆行驶时间限制、行驶区域限制。调查主要材料及构件运输通道的情况,包括道路、街巷及途经桥涵的宽度、高度、允许载重量和转弯半径限制等资料。所收集资料主要用作组织施工运输业务、选择运输方式、提供经济分析比较的依据。

(2)主要材料及地方资源调查。调查内容包括主要建筑材料的供应能力、质量、价格、运费情况。这些资料可向当地工程造价主管部门、建材市场等地方进行调查,作为确定材料的供应计划、加工方式、储存和堆放场地及建造临时设施的依据。

(3)社会劳动力情况。调查包括当地市场能提供的劳动力人数、技术水平,以及项目现场生活设施可用情况、周边消防治安、医疗卫生的基本情况。这些资料是制订劳动力安排计划、建立职工生活基地、确定临时设施的依据。

(4)建设场址调查。建设场址调查主要是了解建设地点的地形、地貌、地质、水文、气象,以及场址周围环境和障碍物情况等,勘察结果一般可作为确定施工方法和制定技术措施的依据。如果仅是室内安装工程工程,该部分可视具体情况简化。

1)地形、地貌勘察。这项调查要求提供工程的建设规划图、区域地形图、工程位置地形图、该地区城市规划图、水准点及控制桩的位置、现场地形地貌特征、勘察高程及高差等。对地形简单的施工现场,一般采用目测和步测;对场地地形复杂的,可用测量仪器进行观测,也可向规划部门、建设单位、勘察单位等进行调查。

2)工程地质勘察。工程地质勘察内容包括土层的类别及厚度、土的性质、承载力及地震级别等。应提供的资料有:工程地质剖面图;土层类别、厚度;土壤物理力学指标,包括天然含水量、孔隙比、塑性指数、渗透系数、压缩试验及地基土强度等;地层的稳定性、断层滑块、流沙;最大冻结深度等。工程地质勘察资料可为选择土方工程施工方法提供依据。

3)水文地质勘察。水文地质勘察所提供的资料主要有两个方面:①地下水文资料。包括地下水最高、最低水位及时间,水的流速、流向、流量等;地下水的质量、含水量的厚度;地下水对基础的冲刷、侵蚀影响等。所提供的资料有助于制定土方施工方案、选择降水方法及拟定防侵蚀措施。②地面水文资料。包括临近江河湖泊到工地的距离;洪水、平水、枯水期的水位、流量及航道深度;水质等。所提供资料有助于为确定临时给水方案、施工运输方式提供依据。

4)气象资料的调查。气象资料一般可向当地气象部门进行调查,调查资料作为确定冬、雨季施工措施的依据。气象资料包括:①降雨、降水资料,即全年降雨量、降雪量,日最大降雨量,雨季起止日期。②气温资料,即年平均、最高、最低气温,最冷、最热月及逐月的平均温度。③风向资料，即主导风向、风速、风的频率；大风全年天数，并应将风向资料绘制成风玫瑰图。

5）周围环境及障碍物的调查。包括对施工区域现有建筑物、构筑物、沟渠、水井、树木、电力架空线路、地下沟槽、人防工程、给排水管道、埋地电缆、煤气及天然气管道及枯井等的调查。这些原始资料除了通过实地踏勘外，还可向规划部门、各相关管线主管部门、建设单位、设计单位等调查获取。

3. 编制施工组织设计

施工组织设计是全面安排施工生产的技术经济文件，是指导施工的主要依据。施工承包单位经过投标、中标承接施工任务后，即开始编制施工组织设计，这是拟建工程开工前最重要的施工准备工作之一。

4. 编制施工图预算和施工预算

施工组织设计经批准后，既可着手编制单位工程施工图预算和施工预算材料及机械费用的支出，并确定人工数量、材料消耗数量及机械台班使用量。

6.1.2.2 施工物资准备

主要材料、构配件、脚手架、施工机具等施工用物资是确保拟建工程顺利施工的物质基础。这些物资的准备工作必须在工程开工前完成，根据各种物资的需要量计划，分别落实货源，安排运输和储备，使其满足连续施工的要求。

6.1.2.3 劳动组织准备

劳动组织准备是确保拟建工程能够优质、安全、低耗、高速地按期建成的必要条件。其主要内容包括：研究施工项目组织管理模式，组建施工项目经理部；建立精干的施工队伍；建立健全质量管理体系和各项管理制度；完善技术检测措施；落实分包单位、审查分包单位资质，签订分包合同；加强职业培训和技术交底工作。

6.1.2.4 施工现场准备

施工现场是施工的全体参与者为优质、高速、低耗的施工目标而有节奏、均衡连续地进行施工的活动空间。施工现场准备工作的主要内容如下。

1. 材料、构件及机具设备进场

按照施工组织设计所提出的材料、构配件计划，根据开工时所需的材料品种、规格及数量组织进场。材料堆放位置应符合平面布置图的规定。预制构件及其他半成品的进场，也应按以上原则进行；材料和预制构件的进场，按工程进度要求分期分批组织进场。各种施工用机具设备，按照施工组织设计要求运到指定地点就位、安设、接通电源并试车正常后待用。各种生产性设备，特别是要安装的设备，也应及时进场。

2. 临时设施搭设或租赁

施工临时设施主要有生活区、库房、加工区、办公用房、临时设备、材料堆放场地。根据项目的不同，部分施工临时设施由土建总承包商统一建成后进行分配，分配不足或土建总承包未考虑处须与土建总承包商协调，根据总承包商平面布置图另行择地建设或场外租赁。

6.1.2.5 施工现场外准备

施工准备工作除了施工现场内部的准备工作外，还有施工现场外部的准备工作。

1. 材料设备的加工订货

选定材料、构配件和制品的加工订购单位，签订加工订货合同。

2. 分包工作

由于施工单位本身的力量和施工经验所限，有些专业工程的施工实行分包。这就必须在施工准备工作中，按原始资料调查中了解的有关情况，确定外包施工任务的内容，选择外包施工单位，签订分包施工合同，保证按时、按质、按量完成。

6.2　季节性施工准备

工程施工中的露天作业受季节和天气变化的影响很大。我国地域辽阔，气候差异很大。总的来说，北方、西部地区冬季长，南方、东部地区雨天多。减少自然条件给施工作业带来的影响，是编制施工组织设计时必须研究解决的任务之一，要从组织、进度安排、技术措施等方面提出一系列办法和措施，并注意吸取广大建筑工人长期创造和积累起来的丰富经验。要保证冬季、雨季的施工，必须做好冬季、雨季施工的准备工作。

6.2.1　冬季施工的准备工作

冬季施工是一项复杂而细致的工作，在气温低、工作条件差、技术要求高的情况下，认真做好冬期施工准备具有特殊的意义。当平均气温低于 5℃或昼夜最低气温低于−3℃时，就应采用冬季施工措施。

（1）合理安排冬季施工项目。冬季施工条件差，技术要求高，费用要增加。为此，应考虑将那些既能保证施工质量而费用又增加较少的项目安排在冬季施工，如吊装或室内工程等。费用增加很多又不易确保质量的土方、基础等工程，均不宜在冬季安排施工。因此，从施工组织安排上要综合研究，明确冬季施工项目的安排，做到冬期不停工，冬季措施费用增加较少。

（2）做好保温防冻工作。冬季来临前，安排做好室内的保温施工项目，如先完成采暖系统、做好外维护等，保证室内其他项目能顺利施工。室外各种临时设施要做好保温防冻，如防止给排水管道冻裂，防止道路积水结冰，及时清扫道路上的积雪，以保证运输车辆顺利通行。

（3）加强安全防范意识，严防火灾发生。要有防火安全技术措施，经常检查落实，保证各种热源设备正常使用；做好职工培训及冬季施工的技术操作和安全施工教育，确保工程施工质量，避免发生安全事故。

（4）做好冬期测温组织工作。测温要按规定的部位、时间要求进行，并如实填写测温记录。

6.2.2　雨季施工的准备工作

（1）防洪排涝，做好现场排水工作。工程地点若在河流附近，上游有大面积山地丘陵，应有防洪排涝准备。施工现场雨期来临前，应做好排水沟渠的开挖、抽水设备的准备工作，防止因场地积水和地基、地下室等积水而造成损失。

（2）做好雨季施工安排，尽量避免雨期窝工造成的损失。一般情况下在雨季到来之前，应尽量完成地下工程、土方工程、室外工程等不宜在雨季施工的项目。

（3）做好道路维护，保证运输畅通。雨季前检查道路边坡排水，适当提高路面，防止路面凹陷，保证运输畅通。

（4）做好机具设备等的防护。雨季施工时，对现场的各种设施、机具要加强检查，特别是脚手架、垂直运输设施等，要采取防塌、防雷、防漏电等一系列防护措施。

（5）加强施工管理，做好雨期施工的安全教育。要认真编制雨季施工技术措施，严格组织贯彻实施。加强职工的安全教育，防止发生事故。

思 考 题

1．简述熟悉施工图纸包含的重点内容和要求。
2．叙述施工现场准备工作的内容和要求。
3．简述施工现场外准备工作的要求。
4．简述季节性施工准备工作。

第 7 章　安装工程施工进度管理

7.1　进度管理概述

　　工程项目能否在预定的时间内交付使用，直接关系到投资效益的发挥，尤其对施工企业来说更是如此。因此，对工程项目进度进行有效控制，使其顺利达到预定的目标，是业主、监理工程师和承包商在进行项目管理时的中心任务，以及在项目实施过程中的一项必不可少的重要环节。工程进度计划是由施工单位编制的施工组织设计中的必备文件，是实现工程进度控制的目标和标准。因此，考虑项目的约束条件、编制科学的进度计划，以及在实施中采用科学的控制方法是实现施工进度有效控制的基本保证。

7.1.1　进度和进度管理的概念

1. 进度

　　进度通常是指工程项目实施结果的进展情况。在现代工程项目管理中，人们将工程项目的进展情况、工期、成本有机地结合起来，形成一个综合指标，全面反映工程项目的实施情况。

2. 进度管理

　　工程项目的进度管理是指对工程项目各建设阶段的工作内容、工作程序、持续时间和衔接关系等，编制工作进度计划，并将该计划付诸实施。在实施的过程中，经常检查了解是否按计划要求进行，对出现的偏差分析原因，采取补救措施，调整、修改原计划，直至工程按预定工期竣工，交付使用。进度管理的最终目标是确保工程项目进度目标的实现，工程项目进度管理的总目标是实现规定的建设工期。

　　工期控制与进度管理是两个互相联系又有区别的概念。工期控制的目的是使工程实施活动按计划及时开工、按时竣工，确保总工期不推迟。进度管理比工期控制更深一步，它不仅追求时间上的吻合，而且还追求劳动效率的一致性。在工程实施的过程中，对进度的控制常常表现在对工期的控制上，有效的工期控制才能实现有效的进度管理。

7.1.2　施工进度管理的内容

7.1.2.1　施工前的进度控制

　　包括可行性研究阶段、设计阶段、工程项目实施准备阶段的进度控制。做好这三个阶段的进度控制工作，对整个建设项目的进度控制可起到目标决策、设计质量、科学规则安排的作用，并能取得事半功倍的效果。

7.1.2.2　施工阶段的进度控制

　　施工阶段是工程实体的形成阶段，对其进度进行控制是整个工程项目建设进度控制的重点。施工阶段进度控制的总任务是在满足工程项目建设总进度计划要求的基础上，编制（审核）施工进度计划，并将该计划付诸实施，在执行该计划过程中加以动态控制，以保证工程按期竣工并交付使用。

1. 施工阶段进度控制目标的确定

　　保证工程项目按期交付使用，是工程建设施工阶段进度控制的最终目标。为了有效地控制施工进度，要对施工进度总目标从不同角度进行层层分解，形成施工进度控制目标体系，从而作为实施进度控制的依据。

工程建设不仅要有项目建成交付使用的确切日期总目标，还要有各单项工程交工使用的分目标，以及按承包单位、施工阶段和不同计划期划分的分目标。各目标之间相互联系，共同构成工程建设施工进度控制目标体系。其中，下级目标受上级目标的制约，下级目标保证上级目标，最终保证施工进度总目标的实现。施工阶段进度控制分解目标的确定方法如下：

（1）按项目组成分解，确定各单项工程的开工及竣工日期，各单位工程的进度目标在工程项目建设总进度计划及工程建设年度计划中都有体现。施工阶段应进一步明确各单项工程的开工和竣工日期，以确保施工总进度目标的实现。

（2）按承包单位分解，明确分工条件和承包责任。当一个单项工程中有多个承包单位参加施工时，应按承包单位将单项工程的进度目标分解，确定出各分包单位的进度目标，列入分包合同，以便落实分包责任，并根据各专业工程交叉施工方案和前后衔接条件，明确不同承包单位工作面交接的条件和时间。

（3）按计划期分解，组织综合施工。将工程项目的施工进度控制目标按年度、季度、月（或旬）进行分解，并用实物工程量、货币工作量及形象进度表示，将更有利于项目管理者明确对各承包单位的进度要求。同时，还可以据此监督其实施，检查其完成情况。计划期越短，进度目标越细，进度跟踪就越及时，产生进度偏差时也就更能有效地采取措施予以纠正。这样，就形成一个有计划、有步骤地协调施工、长期目标对短期目标自上而下逐级控制、短期目标对长期目标自下而上逐级保证、逐步趋近进度总目标的局面，最终达到工程项目按期竣工并交付使用的目的。

2. 施工阶段进度控制的内容

在工程项目施工阶段，承包单位与业主的进度控制工作交织在一起，其最终目标是一致的，都是为了确保工程项目按期竣工。但由于双方立场的不同，从组织管理的角度出发采取的进度控制措施就存在很大的差别。当监理工程师受业主的委托在工程项目施工阶段实施监理时，业主的进度控制任务基本上就由监理工程师来承担。

（1）承包单位施工进度控制的内容。承包单位对施工进度的控制是一个不断进行的动态控制，也是一个循环进行的过程。它是指在限定的工期内，编制出最佳的施工进度计划，并将该计划付诸实施。在执行该计划的施工过程中，经常检查实际施工进度是否按计划进行，若出现偏差，便及时分析产生的原因和对工期的影响程度，采取必要的补救措施和调整、修改原计划，不断地循环，直至工程竣工验收。

承包单位施工进度控制的主要内容有：施工进度计划的编制；施工进度计划的实施；施工进度计划实施中的检查与调整。

承包商在进度计划的实施中应做好如下工作：检查各层次生产计划，形成严密的计划保证系统；层层签订承包合同或下达施工任务书；层层实行计划交底，使全体工作人员共同实施计划；做好施工进度记录；做好调度工作。

（2）监理工程师施工进度控制的内容。监理工程师的进度控制，应从承包商提交进度计划开始，到工程保修期满为止，其工作内容主要有：编制施工阶段进度控制工作细则、审核或协助编制施工组织设计、发布开工令、协助承包商实施进度计划、监督施工进度计划的实施、组织现场协调会、签发工程进度款支付凭证、审批工程延期、向建设单位提供进度报告表、督促承包商整理技术资料、参加竣工验收、处理争议和索赔、收集工程进度资料等。

7.1.3　施工进度控制的措施

施工进度控制的措施包括织织措施、技术措施、经济措施和合同措施等。

1. 组织措施

进度控制的组织措施主要包括：

（1）建立包括监理单位、建设单位、设计单位、施工单位、设备材料供应单位等进度控制体系，明确各方人员配备、进度控制任务和相互关系。

（2）建立进度报告制度和进度信息沟通网络。

（3）建立进度协调会议制度。

（4）建立进度计划审核制度。

（5）建立进度控制检查制度和调度制度。

（6）建立进度控制分析制度。

2. 技术措施

进度控制的技术措施主要包括：

（1）采用多级网络计划技术和其他先进适用的计划技术。

（2）组织流水作业，保证作业连续、均衡、有节奏地施工。

（3）缩短作业时间、减少技术间歇的技术措施。

（4）采用先进高效的技术和设备。

3. 经济措施

进度控制的经济措施主要包括：

（1）对工期缩短给予奖励。

（2）对应急赶工给予优厚的赶工费。

（3）对拖延工期给予罚款、收赔偿金。

（4）及时办理预付款及工程进度款。

（5）加强索赔管理。

4. 合同措施

进度控制的合同措施主要包括：

（1）加强合同管理，加强组织、指挥、协调，以保证合同进度目标的实现。

（2）对各方提出的工程变更和设计变更，审查后做补充合同。

（3）加强风险管理，在合同中充分考虑风险因素及其对进度的影响和处理办法等。

7.2　工程项目进度监测

工程项目进度监测是指对项目进展状态进行采样，了解其实际进度状况，将实际进度与计划进度比较，确定工程进度是否符合进度目标。它是工程项目进度控制的重要环节。工程中常用的监测方法有横道图比较法、前锋线网络计划管理和 S 形曲线比较法。

7.2.1　横道图比较法

横道图比较法是指在项目实施过程中检查实际进度收集的信息，经整理后直接用横道图并列标于原计划的横道图处进行直观比较的方法，通常又分匀速进展横道图比较法和非匀速进展横道图比较法两类。

1. 匀速进展横道图比较法

匀速进展是指在工程中要检查的工作在单位时间内完成的工作量都是相等的，即工作的进展速度是均匀的。此时，每项工作累计完成的任务量与时间呈线性关系。这种方法仅适用于工作从开始到结束的整个过程中进展速度均固定不变的情况。如果工作的进展速度是变化的，则不能采用这种方法进行实际进度与计划进度的比较，否则可能会得出错误的结论。

采用匀速进展横道图比较法时，其步骤如下：

（1）编制横道图进度计划，表示进度的横道用空心矩形框画出。

（2）在进度计划上标出检查日期。

（3）将检查收集到的实际进度数据经整理后按比例用黑粗线标于计划进度的方框中。

（4）对比分析实际进度与计划进度：①如果黑粗线右端落在检查日期左侧，表示实际进度拖后；②如果黑粗线右端落在检查日期右侧，表示实际进度超前；③如果黑粗线右端与检查日期重合，表示实际进度与计划进度一致。

【例 7-1】　有一项工作每周进展速度相同，均为 10%，需要 10 周完成。到第 8 周末时检查该工作实际完成进度，发现只完成全部工作的 70%，画出横道图如图 7-1 所示。该工作到第 8 周末检查时，应完成全部工作的 80%，实际仅完成 70%，落后计划进度工程量的10%；如果用时间表示，则为落后 1 周。

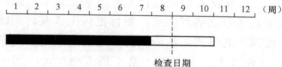

图 7-1　匀速进展横道图比较法示意

2. 非匀速进展横道图比较法

当工作在相同单位时间中的进展速度不相等时，累计完成的任务量与时间的关系就不可能是线性关系。此时，应采用非匀速进展横道图比较法进行工作实际进度与计划进度的比较。

比较时，完成任务量可以用实物工程量、劳动消耗量和工作量三种量来表示，为了比较方便，一般用它们实际完成量的累计百分比与计划应完成量的累计百分比进行比较。比较步骤如下：

（1）编制横道图进度计划表，表示进度的横道用空心矩形框画出。

（2）在计划横道线上方标出各主要日期工作的计划完成任务累计百分比。

（3）在计划横道线的下方标出相应日期工作的实际完成任务累计百分比，在矩形框内用黑粗线涂至检查日期处，如图 7-2 所示。

（4）比较同一时刻实际完成任务量累计百分比和计划完成任务量累计百分比，判断该工作实际进度与计划进度之间的关系：①如果同一时刻横道线上方累计百分比大于横道线下方累计百分比，表示实际进度拖后；②如果同一时刻横道线上方累计百分比小于横道线下方累计百分比，表示实际进度超前。

【例 7-2】　有一项工作每周进展速度不完全相同，该工作需要 10 周完成，每周计划完成百分比依次为 10%、5%、5%、10%、15%、15%、10%、10%、10%、10%，如图 7-2 所示。前 7 周每周末检查实际进度依次为 10%、5%、10%、10%、15%、15%、10%，第 7 周末画出横道图如图 7-2 所示。从该图可以看出，第 1 周和第 2 周进度正常；第 3 周计划完成 5%，实际完成 10%，提前了 5%；第 4～7 周均为按计划进行，到第 7 周末实际已经累计完成全部工作的 75%，比原计划提前完成 5%的工作量。

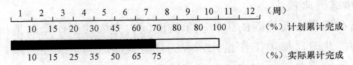

图 7-2　非匀速进展横道图比较法示意

7.2.2　前锋线网络计划管理

实际进度前锋线即在计划执行中的某一时刻，正在进行的各工作的实际进度的前锋的连线。它通常在时标网络图上标画出，从时间坐标轴开始，自上而下依次连接各条线路的实际进度前锋，通常形成一条折线，这条折线就是实际进度前锋线。

画前锋线的关键是标定该时刻正在进行的各工作的实际进度前锋位置。通常有两种标定力法：

（1）按已完成的工程实物量来标定。设定每项工作的延续时间与其工程实物量成正比，因此箭线的长度也与工程实物成正比。在某时刻，某工地的工程实物量完成了几分之几，其实际进度箭线就从箭尾起点起，从左至右到其长度的几分之几。

（2）按尚需时间来标定。有些工作的延续时间难以按工程实物量来计算，只能根据经验或用其他办法估算出来，要标定该工作某时刻的实际进度，就估算出从该时刻起到完成该工作还需要的时间，从箭线的末端反过来自右到左进行标定。

【例 7-3】　某工程，第 7 周末检查时，②—⑥工作完成 1/2；④—⑤工作完成 2/3；③—⑦工作还有 2 周可完成；从时间坐标的第 7 周末起，将各工作实际完成节点连接起来，完成图如图 7-3 所示。从图中可以看出，②—⑥工作和③—⑦工作进度正常，④—⑤工作在第 7 周末应完成，实际仅完成 2/3，尚有 1/3 工作未完成，拖后了 1 周。

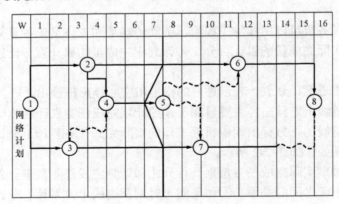

图 7-3　前锋线时标网络图

7.2.3　S 形曲线比较法

对整个工程的施工全过程而言，一般是开始施工和竣工阶段单位时间内投入的资源量较少，中间阶段单位时间投入的资源量较多。其单位时间完成的任务量类似正态分布，如图 7-4（a）所示。如果以进度时间为横坐标，累计完成工作量为纵坐标，编制出一条按时间累计完成工作量的曲线，将呈 S 形，如图 7-4（b）所示。将施工项目的各检查时间实际完成的任务量 S 形曲线与计划完成任务量 S 形曲线进行比较的方法，就是 S 形曲线比较法。

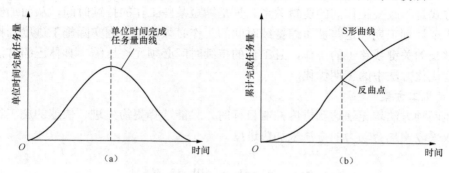

图 7-4　时间与完成任务量关系曲线
（a）单位时间完成任务量曲线；（b）按时间累计完成工作量曲线

　　S 形曲线进度控制比较法，同横道图原理一样，是在 S 形曲线图上直观地进行施工项目实际进度与计划进度相比较。一般情况下，施工进度管理人员在计划实施前绘制出计划 S 形曲线。在项目施工过程中，按规定时间将检查的实际完成情况，绘制在与计划 S 形曲线同张图上，取得实际进度 S 形曲线，如图 7-5 所示。比较两条 S 形曲线，可以得到如下信息：

　　（1）施工实际进度与计划进度相差的工程量比较。在某个比较时间点，实际工程完成量落在计划 S 形曲线的上侧，表示此时实际进度比计划进度超前；如落在其下侧，则表示拖后；若刚好重合，则表示两者进度一致。垂直之间的距离就是它们之间的工程量相差值。如图 7-5 中，a 检查点实际进度超前，超额完成量为 $b-d$。

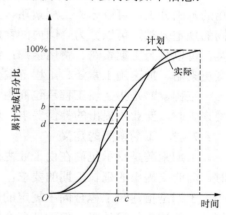

　　（2）施工实际进度与计划进度超前或拖后的时间。如完成实际工程量对应的时间点在完成相同工程量的计划完成时间点的右侧，则表示实际进度拖后；如在左侧，则表示实际进度超前。他们之间的差值就是进度拖后或超前的时间。如图 7-5 中，计划完成到工程量 b 点的时间为 c，实际完成时间为 a，超前时间为 $c-a$。

图 7-5　S 形曲线计划与实际进度比较

7.3　工程项目进度调整

　　为了实现进度目标，当工程项目进度控制人员在监测中发现问题后，必须对后续工作的进度计划进行调整，但由于可行的调整方案可能有多种，究竟采取什么调整方案和调整方式，就必须在对具体的实施进度进行分析的基础上才能确定。工程项目进度调整的方式有如下几种。

　　1. 改变工作间的逻辑关系
　　此种方式是通过改变关键线路和超过计划工期的非关键线路上的有关工作之间的逻辑关系，达到缩短工期的目的。主要调整方法是将依次施工的某些工作改变成平行施工或搭接施工，或改变成划分为若干个施工段的流水施工等。

2. 缩短某些工作的持续时间

此种方式是不改变工作间的逻辑关系，只是缩短某些工作的持续时间，从而加快施工进度以保证实现计划工期。这些被压缩持续时间的工作必须是位于因实际施工进度的拖延而引起总工期增长的关键线路上的工作，且工作的持续时间必须允许压缩。具体压缩方法就是采用网络计划优化方法中的工期优化。

3. 改变施工方案

当上述两种方法均无法达到进度控制目标时，只能选择更为先进、快速的施工机具、施工方法，或采取增加劳动力的方法来加快进度。

7.4　工 程 工 期 索 赔

7.4.1　索赔的定义和分类

索赔通常是指在合同履行过程中，合同当事人一方因对方不履行或未能正确履行合同或者由于其他非自身因素而受到经济损失或权利损害，通过合同规定的程序向对方提出经济或时间补偿要求的行为。

根据索赔的范围、性质、目标和原因等不同，可以将索赔进行不同的分类。如果按照索赔的范围分类，可以分为工程索赔、贸易索赔和保险索赔；如果按照提出的索赔是否基于合同的规定分类，可以分为合同内的索赔、合同外的索赔、道义索赔；如果按照索赔的目标分类，可以分为工期索赔、费用索赔；如果按索赔的起因分类，可以分为延误索赔、现场条件变更索赔、加速施工索赔、工程范围变更索赔、工程终止索赔和其他原因索赔等。

工程索赔是指建设工程承包商由于业主的原因或发生承包商和业主不可控制的因素而遭受损失时，向业主提出的补偿要求。这种补偿包括补偿损失费用和延长工期。

7.4.2　工期索赔的定义

工期索赔是指承包商在由于业主的原因或者双方不可控制因素的发生引起工程工期延误时，向业主提出的延长工期的要求。

工期是指建筑工程合同中规定的从工程开工到工程竣工的时间，工期有的按日历天数计算，有的按工作日计算，但大部分合同都按日历天数计算工程的工期。开工时间根据每个具体合同条件规定的不同，计算方式也不一样。工程工期的开始时间一般从接到业主开工通知，或称开工令之日起开始计算。因此，在计算合同工期时，一定要清楚合同条款对开工时间的规定，以便准确地计算工程的工期。

7.4.3　影响工期的因素

1. 业主（或监理工程师）原因引起的延误

（1）移交无障碍物的工地延误。

（2）提交图纸延误，包括设计图纸、设计变更图纸延误。

（3）延迟支付预付款。

（4）拖期支付工程进度款。

（5）业主负责提供的材料、设备延误。

（6）业主指令延误。

（7）业主提供的设计数据或工程数据延误。

（8）业主检查检验延误。

（9）业主认可材料、设备样品延误。

（10）业主指定的分包商、供货商或由业主负责的人引起的工程延误。

（11）工程量的增加。

（12）工程范围的变更（增大），如新增工程或单项。

（13）业主违约，承包商减缓工程进度引起的延误。

（14）业主下令为其他承包商提供服务引起的延误。

（15）业主验收工程延误，如推迟办理验收手续。

（16）业主下令暂时停工。

2. 承包商和业主不可抗力的发生引起的延误

（1）异常恶劣气候条件的发生，如暴风雨的发生。

（2）人力不可抗拒的天灾，如洪水、地震。

（3）意外风险与特殊风险、如战争、暴乱、爆炸等。

（4）罢工、动乱或他人（其他承包商或市民）骚扰引起的工地停工。

（5）停水、停电、停止交通或港口堵塞引起的停工或延误。

（6）政府下令停工（如下令放假）而引起的延误。

（7）古迹的出现，如在工程现场或在挖方工程中，发现古迹、古文物、古化石，引起的停工或搬迁工地造成的延误。

3. 承包商的原因引起的延误

（1）质量不符合技术要求规范而造成的返工。

（2）施工组织不善，如出现窝工或停工待料现象。

（3）劳动力不足，如引起管理人员或工人人数不够，或者一时找不到合适的分包商。

（4）机械设备不足、不配套影响机械设备的效率，或进场延误。

（5）开工延误。

（6）劳动生产率低。

（7）技术力量薄弱，管理水平低。

（8）承包商雇佣的分包商或供货商引起的工程延误。

7.4.4　工程延误的种类

在工程施工过程中，发生的工程延误按照承包商是否能够索赔，可分为可索赔的延误和不可索赔的延误。

1. 可索赔的延误

指非承包商的原因引起的工程延误，包括业主的原因和双方不可控制的因素的发生引起的延误，且该延误的工序或作业在关键线路上，这种延误属于可索赔的延误。在可索赔的延误中，有的只能索赔工期，有的只能索赔费用，而有的除了可索赔工期外，还可索赔损失费用。所以，可索赔的延误可进一步分为：

（1）只可索赔工期的延误。指由于双方不可控制的原因引起的延误，如人力不可抗拒的天灾，停水、停电、交通中断等引起的延误等。对这种延误，一般合同规定，业主只给承包商延长工期，不给予损失费用补偿。

（2）可索赔工期和费用的延误。指由业主造成的延误，且该延误的活动在关键线路上，如验收交工延误等。在这种情况下，承包商不仅有权向业主要求工期延长，而且还有权要求业主补偿由此发生的损失费用。

（3）只可索赔费用的延误。指由于业主的原因引起的延误，虽然延误活动不在关键线路上，但由于延误承包商发生了额外的费用损失，由业主来承担。这种情况下，承包商必须证明其受到了损失或发生了费用。

2. 不可索赔的延误

指承包商的原因引起的工程延误，或非承包商的原因引起的延误而该延误不发生在关键线路上。例如，由于承包商的质量事故引起的工程延误；业主提供的电气设备延误，但该延误不影响关键线路上的其他作业或工序。这些延误都属于不可索赔的延误。

不可索赔的延误有时也可以转化为可索赔的延误。由于非承包商的原因引起的延误不发生在关键工序上，当延误超过该工序的自由时差时，则超过部分的延误即成为可索赔的延误。

7.4.5　工期索赔的分析方法

确定某延误是否可以索赔时，首先应进行责任分析，弄清引起延误的是哪一方的原因，若不是由于承包商自身的原因造成的，则有可能索赔。然后再分析该延误是否发生在工程进度图中的关键线路上，若在关键线路上，则该延误是可索赔工期的延误。最后再进一步分析该延误是否是由于业主造成的，若是，则这种延误是可索赔工期和费用的延误；若不是，则这种延误是只可索赔工期的延误。若该延误不在关键线路上，则该延误是不可索赔工期的延误，然后再判断该延误是否是业主的原因造成的，若是，并且承包商发生了损失，则该延误是只可索赔费用的延误；若不是，则该延误是不可索赔的延误。

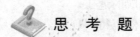

思 考 题

1. 简述工程施工进度控制的概念。
2. 影响建筑工程施工进度的因素有哪些？
3. 安装工程施工进度控制的措施有哪些？
4. 安装工程施工进度计划监测的方法有哪些？

第8章　安装工程施工成本管理

8.1　成本管理概述

8.1.1　施工成本的概念

施工成本是指建筑施工企业以施工项目作为成本核算对象，在施工中所发生的全部生产费用的总和，包括所消耗的主、辅材料，构配件，周转材料的摊销费或租赁费，施工机械的台班费或租赁费，支付给生产工人的工资、奖金，以及为组织和管理工程施工所发生的全部费用支出。

施工成本是施工企业的主要产品成本，亦称工程成本，一般以项目的单位工程作为成本核算对象，通过各单位工程成本核算的综合来反映施工成本。

在施工项目管理中，最终要使项目达到质量高、工期短、消耗低、安全性好等目标，而成本是这四项目标经济效果的综合反映。因此，施工成本管理是施工项目管理的核心。

8.1.2　施工成本的分类和构成

8.1.2.1　施工成本的分类

施工成本可分为施工预算成本、施工计划成本和施工实际成本三种。

1. 施工预算成本

施工预算成本是指建设预算成本。通常是施工企业根据国家现行的法令、法规、定额、市场价和施工图纸计算出来的，预估施工过程中发生的全部生产费用，反映了为完成工程项目建筑安装任务所需的直接费用和间接费用。

2. 施工计划成本

施工计划成本是指项目部在详细的施工组织和仔细核算的基础上预先确定的工程项目计划施工费用，又称目标成本。

3. 施工实际成本

施工实际成本是指在工程项目施工过程中实际发生的，并按一定的成本核算对象汇集的施工费用支出的总和。实际成本与预算成本的差额为成本降低额。成本降低额与预算成本的比率称为成本降低率。该指标可用来考核工程项目总成本降低水平和各分项成本降低水平。

8.1.2.2　施工成本的构成

施工成本主要由直接费、间接费、利润和税金四部分构成，详见图8-1。

1. 直接费

直接费是指施工过程中直接耗费的构成工程实体或有助于工程形成的各项支出，包括人工费、材料费、机械使用费和其他直接费，由直接工程费和措施费组成。

（1）直接工程费：施工过程中耗费的构成工程实体的各项费用，包括人工费、材料费、施工机械使用费。

1）人工费：按工资总额构成规定，支付给从事建筑安装工程施工的生产工人和附属生产单位工人的各项费用。

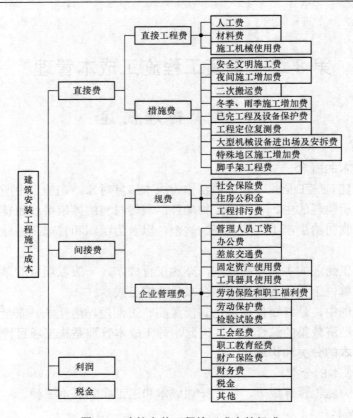

图 8-1　建筑安装工程施工成本的组成

2）材料费：施工过程中耗费的原材料、辅助材料、构配件、零件、半成品或成品、工程设备的费用。

3）施工机械使用费：施工作业所发生的施工机械、仪器仪表使用费或其租赁费。

（2）措施费：为完成建设工程施工，发生于该工程施工前和施工过程中的技术、生活、安全、环境保护等方面的费用。包括：

1）安全文明施工费：①环境保护费，指施工现场为达到环保部门要求所需要的各项费用；②文明施工费，指施工现场文明施工所需要的各项费用；③安全施工费，指施工现场安全施工所需要的各项费用；④临时设施费，指施工企业为进行建设工程施工所必须搭设的生活和生产用的临时建筑物、构筑物和其他临时设施费用，包括临时设施的搭设、维修、拆除、清理费或摊销费等。

2）夜间施工增加费：因夜间施工所发生的夜班补助费、夜间施工降效、夜间施工照明设备摊销及照明用电等费用。

3）二次搬运费：因施工场地条件限制而发生的材料、构配件、半成品等一次运输不能到达堆放地点，必须进行二次或多次搬运所发生的费用。

4）冬季、雨季施工增加费：在冬季或雨季施工需增加的临时设施、防滑、排除雨雪，人工及施工机械效率降低等费用。

5）已完工程及设备保护费：竣工验收前，对已完工程及设备采取的必要保护措施所发生的费用。

6）工程定位复测费：工程施工过程中进行全部施工测量放线和复测工作的费用。

7）大型机械设备进出场及安拆费：机械整体或分体自停放场地运至施工现场，或由一个施工地点运至另一个施工地点所发生的机械进出场运输及转移费用，以及机械在施工现场进行安装、拆卸所需的人工费、材料费、机械费、试运转费和安装所需的辅助设施的费用。

8）特殊地区施工增加费：工程在沙漠或其边缘地区、高海拔、高寒、原始森林等特殊地区施工增加的费用。

9）脚手架工程费：施工需要的各种脚手架搭、拆、运输费用及脚手架购置费的摊销（或租赁）费用。

2.　间接费

间接费是指企业的各项目经理部为施工准备、组织和管理施工生产所发生的全部施工间接费支出，包括规费和企业管理费。

（1）规费：按国家法律、法规规定，由省级政府和省级有关权力部门规定必须缴纳或计取的费用。包括：

1）社会保险费：①养老保险费，指企业按照规定标准为职工缴纳的基本养老保险费；②失业保险费，指企业按照规定标准为职工缴纳的失业保险费；③医疗保险费，指企业按照规定标准为职工缴纳的基本医疗保险费；④生育保险费，指企业按照规定标准为职工缴纳的生育保险费；⑤工伤保险费，指企业按照规定标准为职工缴纳的工伤保险费。

2）住房公积金：企业按规定标准为职工缴纳的住房公积金。

3）工程排污费：按规定缴纳的施工现场工程排污费。

（2）企业管理费：建筑安装企业组织施工生产和经营管理所需的费用。包括：

1）管理人员工资：按规定支付给管理人员的计时工资、奖金、津贴补贴、加班加点工资及特殊情况下支付的工资等。

2）办公费：企业管理办公用的文具、纸张、账表、印刷、邮电、书报、办公软件、现场监控、会议、水电、烧水和集体取暖降温（包括现场临时宿舍取暖降温）等费用。

3）差旅交通费：职工因公出差、调动工作的差旅费及住勤补助费，市内交通费和误餐补助费，职工探亲路费，劳动力招募费，职工退休、退职一次性路费，工伤人员就医路费，工地转移费，以及管理部门使用的交通工具的油料、燃料等费用。

4）固定资产使用费：管理和试验部门及附属生产单位使用的属于固定资产的房屋、设备、仪器等的折旧、大修、维修或租赁费。

5）工具器具使用费：企业施工生产和管理使用的不属于固定资产的工具、器具、家具、交通工具和检验、试验、测绘、消防用具等的购置、维修和摊销费。

6）劳动保险和职工福利费：由企业支付的职工退职金、按规定支付给离休干部的经费、集体福利费、夏季防暑降温费、冬季取暖补贴、上下班交通补贴等。

7）劳动保护费：企业按规定发放的劳动保护用品的支出，如工作服、手套、防暑降温饮料，以及在有碍身体健康的环境中施工的保健费用等。

8）检验试验费：施工企业按照有关标准规定，对建筑及材料、构件和建筑安装物进行一般鉴定、检查所发生的费用，包括自设试验室进行试验所耗用的材料等费用，不包括新结构、新材料的试验费，对构件做破坏性试验及其他特殊要求检验试验的费用和建设单位委托检测机构进行检测的费用。此类检测发生的费用，由建设单位在工程建设其他费用中列支。但对施工企业提供的具有合格证明的材料进行检测不合格的，该检测费用由施工企业支付。

9）工会经费：企业按《工会法》规定的全部职工工资总额比例计提的工会经费。

10）职工教育经费：按职工工资总额的规定比例计提，企业为职工进行专业技术和职业技能培训，专业技术人员继续教育、职工职业技能鉴定、职业资格认定，以及根据需要对职工进行各类文化教育所发生的费用。

11）财产保险费：施工管理用财产、车辆等的保险费用。

12）财务费：企业为施工生产筹集资金或提供预付款担保、履约担保、职工工资支付担保等所发生的各种费用。

13）税金：企业按规定缴纳的房产税、车船使用税、土地使用税、印花税等。

14）其他：包括技术转让费、技术开发费、投标费、业务招待费、绿化费、广告费、公证费、法律顾问费、审计费、咨询费、保险费等。

3．利润

施工企业完成所承包工程获得的盈利。

4．税金

国家税法规定的应计入建筑安装工程造价内的营业税、城市维护建设税和教育费附加。

8.1.3　施工成本管理系统的组成

施工成本管理是建筑施工企业项目管理系统中的一个子系统，该系统的具体工作内容包括成本预测、成本计划、成本控制、成本核算、成本分析和成本考核等。施工项目部在项目施工过程中，对所发生的各种成本信息，通过有组织、有系统地进行预测、计划、控制、核算和分析等一系列工作，促使施工项目系统内各种要素按照一定的目标运行，从而使施工项目的实际成本能够控制在预定的计划成本范围内。

1．施工成本预测

施工成本预测是通过成本信息和施工项目的具体情况，并运用一定的专门方法，对未来的成本水平及其可能发展趋势做出科学的估计，其实质就是工程项目在施工以前对成本进行核算。通过成本预测，可以使项目部在满足业主和企业要求的前提下，选择成本低、效益好的最佳成本方案，并能够在施工成本形成过程中，针对薄弱环节，加强成本控制，克服盲目性，提高预见性。因此，施工成本预测是施工方案决策与成本计划的依据。

2．施工成本计划

施工成本计划是项目部对项目施工成本进行计划管理的工具。它是以货币形式编制施工项目在计划期内的生产费用、成本水平、成本降低率，以及为降低成本所采取的主要措施和规划的书面方案，是建立施工成本管理责任制、开展成本控制和核算的基础。一般来说，一个施工成本计划应包括从开工到竣工所必需的施工成本，它是该施工项目降低成本的指导性文件，是设立目标成本的依据。可以说，成本计划是目标成本的一种形式。

3．施工成本控制

施工成本控制是指项目在施工过程中，对影响施工成本的各种因素加强管理，并采取各种有效措施，将施工中实际发生的各种消耗和支出严格控制在成本计划范围内，随时揭示并及时反馈，严格审查各项费用是否符合标准、计算实际成本和计划成本之间的差异并进行分析，消除施工中的损失浪费现象，发现和总结先进经验。通过成本控制，使之最终实现甚至超过预期的成本目标。

施工成本控制应贯穿于施工项目从招投标阶段开始直到项目竣工验收的全过程中，是企业全面成本管理的重要环节。因此，必须明确各级管理组织和各级人员的责任和权限，是成本控制的基础之一，必须给予足够的重视。

4. 施工成本核算

施工成本核算是指项目施工过程中所发生的各种费用和形成施工成本的核算。它包括两个基本环节：一是按照规定的成本开支范围对施工费用进行归集，计算出施工费用的实际发生额；二是根据成本核算对象，采用适当的方法，计算出该施工项目的总成本和单位成本。施工成本核算所提供的各种成本信息，是成本预测、成本计划、成本控制、成本分析和成本考核等各个环节的依据。因此，加强施工成本核算工作，对降低施工成本、提高企业的经济效益具有积极的作用。

5. 施工成本分析

施工成本分析是指在成本形成过程中，对施工成本进行的对比评价和剖析总结工作，它贯穿于施工成本管理的全过程中。也就是说，施工成本分析主要利用施工项目的成本核算资料（成本信息），与目标成本（计划成本）、预算成本及类似的施工项目的实际成本等进行比较，了解成本的变动情况，同时也要分析主要技术经济指标对成本的影响，系统地研究成本变动的因素，检查成本计划的合理性，并通过成本分析，深入揭示成本变动规律，寻找降低施工成本的途径，以便有效地进行成本控制，减少施工中的浪费，促使企业和项目部遵守成本开支范围和财务纪律，更好地调动广大职工的积极性，加强施工项目的全员成本管理。

6. 施工成本考核

所谓成本考核，就是施工项目完成后，对施工成本形成中的各责任者，按施工成本目标责任制的有关规定，将成本的实际指标与计划、定额、预算进行对比和考核，评定施工成本计划的完成情况和各责任者的业绩，并以此给予相应的奖励和处罚。通过成本考核，做到有奖有惩、赏罚分明，才能有效地调动企业每一个职工在各自的施工岗位上努力完成目标成本的积极性，为降低施工成本和增加企业的积累做出自己的贡献。

综上所述，施工成本管理系统中每一个环节都是相互联系和相互作用的。成本预测是成本决策的前提，成本计划是成本决策所确定目标的具体化。成本控制则是对成本计划的事实进行监督，保证决策的成本目标实现，而成本核算又是成本计划是否实现的最后检验，它所提供的成本信息又对下一个施工成本预测和决策提供了基础资料。成本考核是实现成本目标责任制的保证和实现决策的目标的重要手段。

8.2　施 工 成 本 计 划

施工成本计划是成本管理的一项重要内容，它是以货币形式预先规定施工项目所需支出的各项成本费用总和，是控制施工成本、实现降低施工成本任务的指导性文件。

8.2.1　施工成本计划的概念

施工成本计划，实质上是在项目经理的负责下，在成本预测的基础上，由技术、预算、计划和财务人员通过项目技术组织措施和施工预算所确定的目标成本编制而成，然后把指标分解到各单位工程、分部工程和分项工程进行管理，从而成为控制施工成本的依据，达到降低项目施工成本和提高经济效益的目的。

8.2.2　施工成本计划的编制程序

各个项目的施工成本计划是根据施工企业的要求进行编制的，所有施工项目的成本计划汇总成施工企业的成本计划，它是建立企业成本管理责任制、开展经济核算和控制成本费用的基础，是完成和超额完成企业成本计划的重要手段。施工成本计划的编制程序如下。

1. 搜集和整理资料

搜集资料并归纳总结是编制成本计划的必要步骤。所需搜集的资料主要包括：

（1）项目经理部与企业签订的承包合同及企业下达的成本降低额、降低率和其他有关的技术经济指标。

（2）有关成本预测、决策的资料。

（3）施工项目的施工图预算、施工预算。

（4）施工项目的施工组织设计。

（5）施工当地近期的机械设备生产能力及台班费用情况。

（6）施工当地近期的材料供应、劳动力供应及价格费用情况。

（7）以往同类项目成本计划的实际执行情况及有关技术经济指标完成情况的分析资料。

此外，还应深入分析当前情况和未来的发展趋势。了解影响成本升降的各种有利和不利因素，研究克服不利因素和降低成本的具体措施，为编制成本计划提供丰富、具体和可靠的成本资料。

2. 估算计划成本，确定目标成本

在掌握了丰富的资料并加以整理分析的基础上，按照工程项目应投入的材料、劳动力、机械及各种设施等，结合各种因素的变化进行反复测算、修订、平衡后，估算生产费用支出的总水平，进而提出全项目的成本计划控制指标，最终确定目标成本，并把总的目标成本分解落实到各相关部门、班组。其中所采用的方法大多为工作分解法。

工作分解法的特点是以施工图设计为基础，以本企业做出的项目施工组织设计及技术方案为依据，以实际价格和计划的材料、人工、机械等消耗量为基准，估算工程项目的实际成本费用，据以确定成本目标。具体步骤是：首先把整个工程项目逐级分解为内容单一、便于进行单位工料成本估算的小项或工序，然后按小项自下而上估算、汇总，从而得到整个工程项目的估算。估算汇总后还要考虑风险系数与物价指数，对估算结果加以修正，形成计划成本分解图，如图 8-2 所示。

3. 综合平衡，确定成本计划

在各部门上报成本计划和费用预算后，项目经理部首先应结合各项技术经济措施，检查各计划和费用预算是否合理可行，并进行综合平衡，使各部门计划和费用预算之间相互协调、衔接；其次，要从全局出发，在保证企业下达的成本降低任务或本项目目标成本实现的情况下，以生产计划为中心，分析研究成本计划与生产计划、劳动力计划、材料与物资供应计划、资金计划等的相互协调平衡。经反复讨论多次综合平衡，最后确定成本计划。项目经理部正式编制的成本计划上报企业有关部门后，即可正式下达至各部门执行。

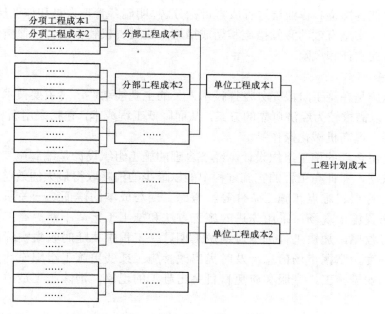

图 8-2　计划成本分解图

8.3　施 工 成 本 控 制

施工成本控制是指在施工成本的形成过程中，对生产经营所消耗的人力资源、物质资源和费用开支进行指导、监督、调节和限制，及时纠正快要发生或已经发生的费用偏差，把各项生产费用控制在计划成本的范围之内，保证成本目标的实现。施工成本控制的最终目的在于降低施工成本，提高经济效益。

施工成本控制是增加企业利润的主要途径之一，因此处于竞争日益激烈的建筑市场中，建筑企业应更加重视工程施工成本控制。目前常见的工程施工成本控制主要存在几个问题：项目管理人员成本控制意识淡薄；施工组织设计不合理；材料管理制度不健全；间接费控制不力；财务管理、合同管理混乱。为遏制因这些问题对工程项目的影响，按照责任明确的要求，成本控制应当以能否对成本费用进行控制分别采取措施，概括起来可以从组织、技术、经济、管理等几个方面采取措施控制。

1. 组织措施

完善、高效的组织是项目成本控制的保障，可以最大限度地发挥各级管理人员的积极性和创造性，因此必须建立完善、科学、分工合理、责权利明确的项目成本控制体系。

（1）建立完善的组织机构。企业应建立和完善项目管理层作为成本控制中心的功能和机制。成立以项目经理为第一责任人，由工程技术、物资供应、试验测量、质量管理、合同管理、财务等相关部门组成的成本管理小组，主要负责项目经理部的成本管理、指导和考核，进行项目经济活动分析，制定成本目标及其实现的途径与对策，同时制定成本控制管理办法及奖惩办法等。

（2）建立以项目经理为中心的成本控制体系。在项目部建立一个成本控制量化责任体系，在该体系中按内部各岗位和作业层进行成本目标分解，明确各管理人员和作业层的成本责任、权限及相互关系。实施有效的激励措施和惩戒措施，通过责权利相结合，使责任人积极有效地承担成本控制的责任和风险。

2. 技术措施

采取技术措施是在施工阶段充分发挥技术人员的主观能动性，对主要技术方案作必要的技术经济论证，以需求较为经济可靠的方案，从而降低工程成本，包括采用新材料、新技术、新工艺节约能耗，提高机械化操作等。

（1）进行经济合理的施工组织设计。经济合理的施工组织设计是编制施工预算文件和进行成本控制的依据，保证在工程的实施过程中能以最少的消耗取得最大的效益。施工组织设计要根据工程的特点、难点和施工条件等，考虑工期与成本的辩证统一关系，正确选择施工方案，合理布置施工现场；采用先进的施工方法和施工工艺，不断提高工业化、现代化水平；注意竣工收尾，加快工程进度，缩短工期。在工程中要随时收集实际发生的成本数据和施工形象进度，掌握市场信息，及时提出改善施工或变更施工组织设计，按照施工组织设计进度计划安排施工，克服和避免盲目突击赶工的现象，消除赶工造成工程成本激增的情况。

（2）加强技术质量管理。主要是研究推广新产品、新技术、新结构、新材料、新机器及其他技术革新措施，制定并贯彻降低成本的技术组织措施，提供经济效果，加强施工过程的技术质量检验制度，提高工程质量，避免返工损失。

3. 经济措施

（1）材料费的控制。材料费一般占工程全部费用的大部分，直接影响工程成本和经济效益，主要要做好材料用量和材料价格控制两方面的工作来严格控制材料费。在材料用量方面：坚持按定额实行限额领料制度；避免和减少二次搬运等。在材料价格方面：在保质保量的前提下，择优购料；降低运输成本；减少资金占用；降低存货成本。

（2）人工费的控制。主要是改善劳动组织，合理使用劳动力，提高工作效率；执行劳动定额，实行合理的工资和奖励制度；加强技术教育和培训工作；压缩非生产用工和辅助用工，严格控制非生产人员比例。

（3）机械费的控制。根据工程的需要，正确选配和合理利用机械设备，做好机械设备的保养修理工作，避免不正当使用造成机械设备的闲置，从而加快施工进度，降低机械使用费。同时还可以考虑通过设备租赁等方式来降低机械使用费。

（4）间接费及其他直接费的控制。主要是精简管理机构，合理确定管理幅度与管理层次，实行定额管理，制定费用分项分部门的定额指标，有计划地控制各项费用开支，对各项费用实行相应的审批制度。

4. 管理措施

（1）积极采用降低成本的管理新技术，如系统工程、工业工程、全面质量管理、价值工程等。其中，价值工程是寻求降低成本途径的行之有效的管理方法。

（2）加强合同管理和索赔管理。合同管理和索赔管理是降低工程成本、提高经济效益的有效途径。项目管理人员应保证在施工过程中严格按照项目合同执行，收集保存施工中与合同有关的资料，必要时可根据合同及相关资料要求索赔，确保施工过程中尽量减少不必要的费用支出和损失，从法律上保护自身的合法权益。

8.4 工程费用索赔

索赔费用不应视为承包商的意外收入，也不应视为业主的不必要支出。实际上，索赔费用的存在是由于建立合同时还无法确定的某些应由业主承担的风险因素导致的结果。承包商的投标报价中一般不含有业主应承担的风险对报价的影响，因此，一旦这类风险发生并影响承包商的工程成本时，承包商提出费用索赔是一种正常现象和合理行为。

8.4.1 索赔的分类

根据索赔的范围、性质、目标和原因等不同，可以将索赔进行不同的分类。如果按照索赔的范围分类，可以分为工程索赔、贸易索赔和保险索赔；如果按照提出的索赔是否基于合同的规定分类，可以分为合同内的索赔、合同外的索赔、道义索赔；如果按照索赔的目标分类，可以分为工期索赔、费用索赔：如果按索赔的起因分类，可以为分为延误索赔、现场条件变更索赔、加速施工索赔、工程范围变更索赔、工程终止索赔和其他原因索赔等。

8.4.2 引起费用索赔的原因

引起费用索赔的原因是由于合同的基础条件发生变化使承包商遭受了额外损失，归纳起来，有下列几类原因。

1. 工程量增加

主要指索赔费用中的工程量由于某些因素的影响超过了原合同或图纸的工程量而发生的费用。引起工程量增加的原因有：

（1）设计变更。无论是完善性变更还是修改性变更，都有可能引起工程量的增加。

（2）业主代表指令。业主代表指令增加工程量。

（3）不可遇见的障碍。如增加土方挖填量等。

（4）不确定性障碍。对于不确定性障碍，往往不能预先准确计算工程量，所以实施处理的结果会引起工程量的增加。

（5）合同固定的其他变更引起的工程量增加。主要指由工程增加量的直接费、间接费及其他费用组成。

2. 可补偿延误损失费

指完全由于工期延误事件发生的时间因素而给工程承包人带来的实际费用。引起费用索赔的因素有：

（1）发包人、发包人代表或与发包人有直接关系的第三方引起的延误。

（2）不可遇见性障碍处理引起的延误。

（3）不确定性障碍处理引起的延误。

（4）异常恶劣气候条件引起的延误。

（5）特殊社会条件引起的延误。

由上述原因造成承包人时间损失，与工程量增加费是完全不同的情况，费用构成是下列几种费用的组合：

（1）工人停工窝工费，需暂调其他工程时的调离现场及再次调回费。

（2）施工机械闲置费，使用租赁机械时的租赁费，暂调其他工程时的调离现场及二次进场费。

（3）材料损失费，包括易损耗材料因延误而加大损耗，或临近保质期而调运其他工地的运输费及装卸费。

（4）材料价格调整，主要指延误造成承包人的采购推迟，材料明显涨价后承包人增加的费用。

（5）异常恶劣气候条件、特殊社会条件造成已完工程损坏或质量达不到合格标准时的处理费、重新施工费。

3．加速施工费

承包人在合同要求加速施工，以及在发包人直接指令或隐含指令加速施工时，都可以提出费用索赔。通常由以下几种原因构成：

（1）采用比标准工资高的工资制度。

（2）配备比正常进度人力资源多的劳动力。

（3）施工机械设备的配置增加，周转性材料大量增多。

（4）采用更先进、价格高的施工方法。

（5）采用高质量、高性能、减少现场工序的材料。

（6）材料供应不能满足加速进度要求时，发生工人待工或高价采购材料。

（7）加速施工中的各工种交叉干扰加大了加速工作量的成本等。

4．与工期无关的发包人违约损失费

由于与工期有关的发包人违约问题已包含在可补偿费用延误中，故此处仅指与工期无关的业主违约问题。

（1）发包人供应的材料设备过早进场。有可能造成施工现场场地使用紧张和不便，易损材料损耗增加，保管费、保护费增加等。

（2）发包人付款过迟。虽不会引起工期延误，但给承包人造成该部分款项的利息损失，并且因该部分款项不能用于工程准备，给承包人造成其他损失。

（3）发包人代表失误造成的损失费。由于业务能力、工作经验等原因，发包人代表可能发生不正确纠正工程问题，提出不能实现的工程要求，进行了不自觉的苛刻检查，无意中对承包人的正常施工造成了干扰。这种失误会使承包人进行不必要的返工，造成不必要的暂停、干扰，使生产效率降低。

（4）发包人对已完工程的修改损失费。

（5）发包人提前使用及保修期责任费。

无论是生产性或商业性使用，都必然会给发包人带来利益而对承包人的施工带来影响，即使没有影响整个工程的工期，也不可否认承包人为使用部分工程而创造条件及采取措施多付出的费用。

在保修期间，由于发包人使用不当引起的质量缺陷，应由发包人承担相应的责任。

5．终止或解除合同

合同终止是指由于一定的法律事实的发生，使合同所设定的权利和义务在客观上已不再存在。也就是说，合同权利和义务的终止，当事人之间的权利义务关系即消灭，或简单地说是合同到期了。

合同解除是指合同还未到期，当事人双方提前终止合同的法律效力，解除双方的权利义务关系。主要情况有以下几种：

（1）工程停建或缓建导致合同解除。如由于国家某些政策的变化、不可抗力，以及发包、承包人双方之外的原因造成工程停建或缓建，使已经生效的合同不能继续履行。按照合同条件的要求，工程停建或缓建，承包人应妥善做好已完工工程和已购材料、设备的保护和移交工作，并将自有机械设备和人员撤出施工现场，发包人为承包人撤出提供必要条件，提供停建或缓建工程保护、移交及撤场的费用支出。

（2）承包人严重违约，发包人解除合同。常见的承包人严重违约的情况有：①未经发包人同意，单方面将其承包的工程部分或全部转包给第三方；②超过合同规定开工日期后，仍迟迟不能开工，且无正当理由；③拒不更换严重失职或无能的工程管理人员；④坚持使用不合格材料；⑤对发包人多次提出的质量警告纠正不力或纠正无效。

（3）发包人严重违约，承包人解除合同。常见的发包人严重违约的情况有：①未经承包人同意，单方面转让合同导致严重不利后果；②合同生效后，发包人却无能力支付合同工程款项，致使承包人陷入困境；③现场施工条件与发包人承诺的情况严重不符，且长时间拖延而得不到解决；④发包人无理拒绝其委派现场代表所发布的正当指令，严重损害了承包人的正当利益，使工程无法继续进行；⑤发包人有条件却不按合同规定的时间和金额支付工程款。

8.4.3　索赔程序

当索赔事件发生后，承包人可按下列程序以书面形式向发包人索赔：

（1）索赔事件发生后 28 天内，承包人向工程师发出索赔意向通知。

（2）发出索赔意向通知后 28 天内，向工程师提出延长工期和（或）补偿经济损失的索赔报告及有关资料。

（3）工程师在收到承包人送交的索赔报告和有关资料后，于 28 天内给予答复，或要求承包人进一步补充索赔理由和证据。

（4）工程师在收到承包人送交的索赔报告和有关资料后 28 天内未予答复或未对承包人作进一步要求者，视为该项索赔已经认可。

（5）当该索赔事件持续进行时，承包人应当阶段性地向工程师发出索赔意向，在索赔事件终了后 28 天内，向工程师送交索赔的有关资料和最终索赔报告。索赔答复程序与（3）、（4）规定相同。

这里既有索赔步骤和内容的规定，也有时限的规定。所以一旦发生索赔事件，损失方必须在规定时间内提出要求。

对于不可抗力事件，在不可抗力事件发生后，承包人应立即通知工程师，并在力所能及的条件下迅速采取措施，尽力减少损失，发包人应协助承包人采取措施。不可抗力事件结束后 48h 内承包人向工程师通报受害情况和损失情况，以及预计清理和修复的费用。不可抗力事件持续发生，承包人应每隔 7 天向工程师报告一次受害情况。不可抗力事件结束后 14 天内，承包人向工程师提交清理和修复费用的正式报告及有关资料。

8.4.4　索赔证据与文件

1. 索赔证据

当一方向另一方提出索赔时，要有正当的索赔理由，且有因索赔事件发生而造成损失的有效证据。索赔证据要有效力，能够证明索赔要求和索赔事件之间的因果关系。提出索赔的依据包括以下几个方面：

（1）招标文件、施工合同文本及附件，其他各签约（如备忘录、修正案等），经认可的工程实施计划，各种工程图纸、技术规范等。

（2）双方的往来信件及各种会谈纪要。

（3）进度计划和具体的进度及项目现场的有关文件。

（4）气象资料、工程检查验收报告和各种技术鉴定报告。

（5）国家有关法律、法令、政策文件，官方的物价指数、工资指数，各种会计核算资料、材料的采购、订货、运输、进场、使用方面的凭据。

2．索赔文件

索赔文件一般包括索赔通知和索赔报告。

（1）索赔通知。在索赔事件发生后 28 天内，承包商要向发包人发出索赔意向通知，事件造成的损失提出索赔。这是主张权利的表示，如果没有及时提出，可能失去索赔的权利。

（2）索赔报告。一个完整的索赔报告应包括以下 4 个部分：

1）总论部分。一般包括序言、索赔事项概述、具体索赔要求、索赔报告编写及审核人员名单。

2）依据部分。主要是说明自己具有的索赔权利，这是索赔能否成立的关键。依据部分的内容主要来自该工程项目的合同文件，并参照有关法律规定，该部分中施工单位应引用合同的具体条款，说明自己理应获得经济补偿或工期延长。

3）计算部分。这是索赔具体内容的体现。索赔计算的目的，是具体的计算方法和计算过程，说明自己应得经济补偿的款额或延长时间。如果说依据部分的任务是解决索赔能否成立，则计算部分的任务就是决定应得到多少索赔款和工期。

4）证据部分。证据部分包括该索赔事件所涉及的一切证据资料，以及对这些证据的说明。证据是索赔报告的重要组成部分，没有翔实、可靠的证据，索赔是不能成功的。在引用证据时，要注意该证据的效力或可信程度。为此，对重要的证据资料最好附以文字证明或确认件。

8.4.5　索赔费用确定的原则

1．赔偿实际损失的原则

索赔费用应在所履行的合同规定范围之内，即索赔费用的确定应能使乙方的实际损失全额得到弥补，但不应使其额外受益。实际损失包括直接损失（成本的增加和实际费用的超支等）和间接损失（可能获得的利益的减少，如发包人拖欠工程款，使得承包人失去了利息收入等）。

2．合同原则

通常是指要符合合同规定的索赔条件和范围，符合合同规定的计算方法、价格等计算基础等。

3．符合工程惯例

费用索赔的计算必须采用符合人们习惯的合理、科学的计算方法，能够让发包人、监理工程师、调解人、仲裁人接受。

8.4.6　索赔费用的组成

索赔费用通常包括：

（1）工程量增加费。包括项目工程量增加直接费、重复施工工程量增加直接费、修改施工工程量增加费。

（2）人工费。包括工人停工费、工人加班费、施工计划外多雇工人工资费、加速施工中工资及奖金增加费、苛刻检查配合人工费、指令增加人工费、不正确纠正返工费、修复人工费、工人生产率降低损失费等。

（3）材料费。包括额外使用材料费，材料额外损耗费，材料涨价费，过早进场材料保管费，材料更换涨价费，材料代用费，提高材料档次增加费，额外工具材料租赁费，修改、返工多用材料费，已订合同材料的退货损失费，已进场材料的转交及作价处理损失费，增加临时设施材料费，额外运输费，改变运输方式增加费。

（4）机械费。包括施工机械闲置费、施工机械使用时间延长费、施工机械额外租赁费、施工机械二次进场费、施工机械设备保险费。

（5）分包索赔费。一般包括人工、材料、机械使用费的索赔。分包商的索赔应如数列入总承包商的索赔款总额以内。

（6）管理费。该费用在索赔中是指承包商完成额外工程、索赔事件工作及工期延长期间的管理费，包括管理人员工资、办公费等。但如果对部分工人窝工损失索赔时，因其他工程仍然进行，可能会不予计算管理费索赔。

（7）利息。在索赔款额的计算中，经常包括利息。利息的索赔通常发生于下列情况：①拖期付款的利息；②由于工程变更和工程延误增加投资的利息；③索赔款的利息；④错误扣款的利息。这些利息的利率在实际中可采用不同的标准，主要有：①按当时银行的贷款利率；②按当时银行的透支利率；③按合同双方协商的利率。

（8）利润。一般来说，由于工程范围的变更和施工条件变化引起的索赔，承包人是可以列入利润的。但对于工程延误的索赔，由于利润通常包括在每项实施工程内容的价格之内，而延误工期并未影响削减某些项目的实施，导致利润减少，因此，业主一般很难同意在延误的费用索赔中列入利润损失。索赔利润的款额计算通常与原报价单中的利润百分率保持一致。

（9）其他费用损失项目。包括未完工程提前使用费、工程竣工日期提前效益分享、保修期内使用不当损失费、解除合同撤场损失费。

8.4.7 索赔费用的计算

索赔计算一般遵循以下原则：费用索赔一般计算直接费用，而且是直接损失的费用，如工日损失一般为合同工日单价乘以一个系数，机械费用一般计算折旧费（或台班单价乘以一个系数），工期索赔要分析发生拖延的工作是否在关键线路。关键线路由于影响工期可以索赔，非关键线则要看该项工作的总时差和自由时差，即使拖延时间在总时差以内，但如果大于自由时差，则超过部分也可以提出工期索赔。

常用的费用索赔的计算方法有实际费用法、总费用法和修正的总费用法。

（1）实际费用法。实际费用法是计算工程索赔时最常用的一种方法。该方法是按照每一索赔事件所引起损失的费用项目分别分析计算索赔值，然后将各费用项目的索赔值汇总，即可得到总索赔费用值。这种方法以承包商为某项索赔工作所支付的实际开支为依据，但仅限于由于索赔事项引起的、超过原计划的费用，故也称额外成本法。

（2）总费用法。总费用法就是发生多次索赔事件以后，无法计算每一索赔事件引起的索赔值，只得重新计算该工程的实际总费用，实际总费用减去原合同价，即为索赔金额，即

$$索赔金额 = 实际总费用 - 原合同价$$

在实际使用中需要注意的是，因为实际发生的总费用中可能包括承包商的原因，如施工

组织不善而增加的费用，同时投标报价估算的总费用也可能为了中标而过低，所以这种方法只有在难以采用实际费用法时才应用。

（3）修正的总费用法。修正的总费用法是对总费用法的改进，即在总费用计算的原则上，去掉一些不合理的因素，使其更合理。修正的内容如下：

1）将计算索赔款的时段局限于受到外界影响的时间，而不是整个施工期。

2）只计算受影响时段内的某项工作所受影响的损失，而不是计算该时段内所有施工工作所受的损失。

3）与该项工作无关的费用不列入总费用中。

4）对投标报价费用重新进行核算：按受影响时段内该项工作的实际单价进行核算，乘以实际完成的该项工作的工程量，得出调整后的报价费用。

修正后的索赔金额总费用计算公式如下：

索赔金额=某项工作调整后的实际总费用−该项工作的报价费用

修正的总费用法与总费用法相比，有了实质性的改进，其准确程度已接近于实际费用法。

8.5　工程价款结算管理

8.5.1　工程预付款

工程预付款是在开工前发包人支付给承包人，应当用于材料、工程设备、施工设备的采购及修建临时工程、组织施工队伍进场等。

1. 工程预付款额度与支付

工程预付款额度由主要材料（包括外购构件）占工程造价的比重、材料储备期、施工工期等因素决定，通常可按下式计算

备料款限额=年度承包工程总值×主要材料所占比重/年度施工日历天数×材料储备天数

一般建筑工程不应超过当年建筑工作量（包括水、电、暖）的30%，安装工程按年安装工作量的10%计；材料占比重较大的安装工程按年计划产值的15%左右计。

预付款的支付按照合同条款的约定执行，但最迟应在开工通知载明的开工日期7天前支付。除合同条款另有约定外，预付款在进度付款中同比例扣回。发包人逾期支付预付款超过7天的，承包人有权向发包人发出要求预付的催告通知，发包人收到通知后7天内仍未支付的，承包人有权暂停施工，并按合同约定的发包人违约的情形执行。

2. 工程预付款的扣回

发包人拨付给承包人的预付款属于预支性质，到了工程实施后，随着工程所需主要材料储备的逐步减少，应以抵充工程价款的方式陆续扣回。工程预付款的起扣时间和抵扣方法应该在合同中约定。扣款方法如下：

（1）可以从未施工工程尚需的主要材料及构件的价值相当于工程预付款数额时起扣，从每次结算工程价款中，按材料比重抵扣工程价款，竣工前全部扣清。其基本表达公式为

$$T = P - \frac{M}{N}$$

式中　T——起扣点，即工程预付款开始扣回时的累计完成工作量金额；

P——承包工程合同价款总额；

M——预付款数额；

N——主要材料所占比重。

（2）扣款的方法也可以在承包方完成金额累计达到合同总价的一定比例后，由承包人开始向发包人还款，发包人从每次应付给承包人的金额中扣回工程预付款。发包人至少在合同规定的完工期前将工程预付款的总金额逐次扣回。

8.5.2　工程进度款

1.　工程进度款的主要支付方式

工程进度款的主要支付方式有以下几种：

（1）定期支付。指实行定期进行实际工程量计量，并按计量周期支付当次工程款的付款方式。我国现行建筑安装工程价款支付方式中，相当一部分实行按月支付，属于这类支付方式。

（2）竣工后一次支付。建设项目或单项工程全部建筑安装工程建设期较短（常在 12 个月以内），或者工程承包合同价不是太高（常指 100 万元以下），可以实行工程价款竣工后一次支付方式。

（3）分段支付。通常指工程形象进度划分不同阶段、分段结算工程价款办法的工程合同，应按合同规定的形象进度分次确认已完阶段工程价款支付。

2.　进度付款申请单的编制

进度付款申请单一般应包括以下内容：

（1）截至本次付款周期已完成工作对应的金额。

（2）根据变更相应条款应增加和扣减的变更金额。

（3）根据预付款相应约定应支付的预付款和扣减的返还预付款。

（4）根据质量保证金相应约定应扣减的质量保证金。

（5）根据索赔相应条款应增加和扣减的索赔金额。

（6）对已签发的进度款支付证书中出现错误的修正，应在本次进度付款中支付或扣除的金额。

（7）根据合同约定应增加和扣减的其他金额。

3.　进度付款申请单的提交

合同的进度付款申请单，可按照合同的计量约定的时间按月向监理人提交，并附上已完成工程量报表和有关资料。

4.　进度款审核和支付

（1）监理人应在收到承包人进度付款申请单及相关资料后 7 天内完成审查并报送发包人，发包人应在收到后 7 天内完成审批并签发进度款支付证书。发包人逾期未完成审批且未提出异议的，视为已签发进度款支付证书。发包人和监理人对承包人的进度付款申请单有异议的，有权要求承包人修正和提供补充资料，承包人应提交修正后的进度付款申请单。监理人应在收到承包人修正后的进度付款申请单及相关资料后 7 天内完成审查并报送发包人，发包人应在收到监理人报送的进度付款申请单及相关资料后 7 天内，向承包人签发无异议部分的临时进度款支付证书。存在争议的部分，按照争议解决的约定处理。

（2）发包人应在进度款支付证书或临时进度款支付证书签发后 14 天内完成支付，发包人逾期支付进度款的，应按照中国人民银行发布的同期同类贷款基准利率支付违约金。

（3）发包人签发进度款支付证书或临时进度款支付证书，不表明发包人已同意、批准或接受了承包人完成的相应部分的工作。

5. 进度付款的修正

在对已签发的进度款支付证书进行阶段汇总和复核中发现错误、遗漏或重复的，发包人和承包人均有权提出修正申请。经发包人和承包人同意的修正，应在下期进度付款中支付或扣除。

8.5.3　竣工结算

1. 竣工结算申请

承包人应在工程竣工验收合格后 28 天内向发包人和监理人提交竣工结算申请单，并提交完整的结算资料，有关竣工结算申请单的资料清单和份数等要求由合同当事人约定。

竣工结算申请单应包括以下内容：

（1）竣工结算合同价格。

（2）发包人已支付承包人的款项。

（3）应扣留的质量保证金。

（4）发包人应支付承包人的合同价款。

2. 竣工结算审核

（1）监理人应在收到竣工结算申请单后 14 天内完成核查并报送发包人。发包人应在收到监理人提交的经审核的竣工结算申请单后 14 天内完成审批，并由监理人向承包人签发经发包人签认的竣工付款证书。监理人或发包人对竣工结算申请单有异议的，有权要求承包人进行修正和提供补充资料，承包人应提交修正后的竣工结算申请单。发包人在收到承包人提交竣工结算申请书后 28 天内未完成审批且未提出异议的，视为发包人认可承包人提交的竣工结算申请单，并自发包人收到承包人提交的竣工结算申请单后第 29 天起视为已签发竣工付款证书。

（2）发包人应在签发竣工付款证书后的 14 天内完成对承包人的竣工付款。发包人逾期支付的，按照中国人民银行发布的同期同类贷款基准利率支付违约金；逾期支付超过 56 天的，按照中国人民银行发布的同期同类贷款基准利率的 2 倍支付违约金。

（3）承包人对发包人签认的竣工付款证书有异议的，对于有异议部分应在收到发包人签认的竣工付款证书后 7 天内提出异议，并由合同当事人按照合同条款约定的方式和程序进行复核，或按照争议解决相关约定处理。对于无异议部分，发包人应签发临时竣工付款证书，并付款。承包人逾期未提出异议的，视为认可发包人的审批结果。

3. 甩项竣工协议

发包人要求甩项竣工的，合同当事人应签订甩项竣工协议。在甩项竣工协议中应明确，合同当事人按照竣工结算申请及竣工结算审核的约定，对已完合格工程进行结算，并支付相应合同价款。

4. 最终结清

（1）最终结清申请单：

1）承包人应在缺陷责任期终止证书颁发后 7 天内，向发包人提交最终结清申请单，并提供相关证明材料。最终结清申请单应列明质量保证金、应扣除的质量保证金、缺陷责任期内发生的增减费用。

2）发包人对最终结清申请单内容有异议的，有权要求承包人进行修正和提供补充资料，承包人应向发包人提交修正后的最终结清申请单。

（2）最终结清证书和支付：

1）发包人应在收到承包人提交的最终结清申请单后 14 天内完成审批并向承包人颁发最终结清证书。发包人逾期未完成审批，又未提出修改意见的，视为发包人同意承包人提交的最终结清申请单，且自发包人收到承包人提交的最终结清申请单后 15 天起视为已颁发最终结清证书。

2）发包人应在颁发最终结清证书后 7 天内完成支付。发包人逾期支付的，按照中国人民银行发布的同期同类贷款基准利率支付违约金；逾期支付超过 56 天的，按照中国人民银行发布的同期同类贷款基准利率的 2 倍支付违约金。

3）承包人对发包人颁发的最终结清证书有异议的，按争议解决相关的约定办理。

8.5.4　质量保证金

经合同当事人协商一致扣留质量保证金的，应在专用合同条款中予以明确。

1. 承包人提供质量保证金的方式

承包人提供质量保证金有以下三种方式：

（1）质量保证金保函。

（2）相应比例的工程款。

（3）双方约定的其他方式。

2. 质量保证金的扣留

质量保证金的扣留有以下三种方式：

（1）在支付工程进度款时逐次扣留，在此情形下，质量保证金的计算基数不包括预付款的支付、扣回及价格调整的金额。

（2）工程竣工结算时一次性扣留质量保证金。

（3）双方约定的其他扣留方式。

发包人累计扣留的质量保证金不得超过结算合同价格的 5%，如承包人在发包人签发竣工付款证书后 28 天内提交质量保证金保函，发包人应同时退还扣留的作为质量保证金的工程价款。

3. 质量保证金的退还

发包人应按合同中最终结清相应条款的约定退还质量保证金。

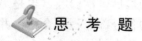

思　考　题

1. 建筑安装工程费用由哪些部分组成？

2. 预付款的起扣点如何计算？

3. 简述索赔程序。

4. 费用索赔中索赔费用如何计算？

第 9 章　安装工程施工质量管理

9.1　工程质量及工程质量管理内容

9.1.1　工程质量

国际标准对质量的定义为："反映实体满足明确和隐含需要的能力总和"。

工程质量是国家现行的有关法律、法规、技术标准和设计文件及工程合同中对工程的安全、使用、经济、美观等特性的综合要求，它通常体现在适用性、可靠性、经济性、外观质量与环境协调等方面。工程质量控制是对拟建工程施工全过程进行科学管理的重要手段，是按照工程建设程序，经过工程建设的项目可行性研究、项目决策、工程设计、工程施工、工程验收等各个阶段而逐步形成的，而不仅取决于施工阶段。

工程质量包含工序质量、分项工程质量、分部工程质量和单位工程质量；并且工程质量不仅包括工程实物质量，而且也包含工作质量。

9.1.2　工程质量管理内容

"百年大计，质量第一"是每一个施工企业的立足之本。工程质量包含两方面的内容：一是工程的质量，包括技术文件和工程实体质量；二是工程使用者（业主）的满意度。在工程各阶段，工程质量管理的内容分别如下。

1．施工准备阶段

确定工程质量总目标，分解质量分项目标，编制施工组织设计与施工专项方案和技术措施；审核有关技术文件、报告或报表；制定反映工序质量动态的统计资料或控制图表。

2．施工阶段

施工阶段是形成工程质量的主要阶段，质量控制内容应包括工程设备与材料的进场验收，工序交接检查，隐蔽工程检查，停工后复工前的检查，分部（分项）工程施工质量检查及成品保护等重点工作。

此外，现场工程管理人员必须深入现场，对施工操作质量进行巡视检查；必要时，还应进行跟班或追踪检查。

3．工程验收阶段

竣工验收是建筑工程投入使用前的最后一次验收，也是最重要的一次验收。验收合格的条件有这样几个方面：构成单位工程的各分部工程应合格，并且有关的资料文件应完整；涉及安全和使用功能的分部工程应进行检验资料的复查，全面检查其完整性；对主要使用功能还须进行抽查；参加验收的各方人员还将共同进行观感质量检查。

除上述有关实测实量的检查外，单位工程技术负责人应按编制竣工资料的要求收集和整理原材料、构件、零配件、半成品、成品和设备的质量合格证明材料及验收材料，各种材料的试验检验资料，隐蔽工程、分项工程和竣工工程验收记录，其他的施工过程记录等。

4．工程交付使用后

依据《中华人民共和国建筑法》，在工程交付使用后，重点关注工程保修和用户回访的质量管理工作，及时处理由于施工质量影响或引发的工程质量问题，准确处理业主的投诉。

9.2　施工质量管理体系

质量管理体系是指确定质量方针、目标和职责，并通过质量体系中的质量策划、控制、保证和改进来使其实现的全部活动。具体来讲就是施工单位仔细分析业主的要求，规定相关的施工过程，并使其持续受控，以实现业主能接受的建筑。质量管理体系能提供持续改进的框架，以增加施工项目提升业主和其他相关方的满意率。

9.2.1　施工质量管理体系的建立

施工质量管理体系是指现场施工管理组织的施工质量管理系统，也就是施工单位为实现承建工程的施工质量目标而建立的以施工组织体系、施工质量管理标准、施工质量信息管理、施工质量控制标准为基础形成的具有工程质量控制和质量保证能力的工作体系。

施工质量管理体系需要根据施工管理的内容，结合工程特点和施工项目班组的具体情况而确立，一般主要内容包括质量控制目标、现场职能分工、现场施工质量控制制度和工作流程、现场施工组织设计文件、现场工程质量控制点的确立和控制措施、现场施工质量控制沟通协调网络等。

9.2.2　施工质量管理体系的运行

在 GB/T 19001—2008《质量管理体系　要求》中，施工质量管理体系的运行如图 9-1 所示。

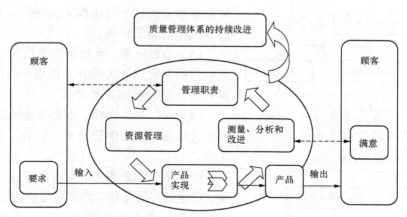

图 9-1　施工质量管理体系运行示意图

图中实线箭头表示增值活动，虚线箭头表示信息流。图中反映了以"过程"为基础、以顾客为主体的质量管理体系的运行模式，对顾客满意的监视要求，对顾客有关组织是否已满足其要求的感受的信息进行评价。

在施工质量管理体系的运行中，应按照"PDCA"的模式进行，其中 P 表示策划：根据业主的要求和组织的方针，为提供工程质量的管理建立必要的目标和过程；D 表示实施：实施过程；C 表示检查：根据方针、目标和产品要求，对过程和产品进行监视和测量，并报告结果；A 表示处置：采取措施，以持续改进过程业绩。

施工质量管理计划的制订与实施，是施工质量管理体系的运行前提与保证。

9.3　施 工 质 量 管 理

9.3.1　工程施工质量目标

为了保证全面完成工程计划任务，施工质量的全面控制是一项重要的工作。在施工过程中进行日常和定期检查验收，严格遵守设计或规范规定的工艺，按图施工，遵守操作规程和施工组织设计中确定的施工顺序与程序，原材料、半成品、成品的采购、进场检验与储存、发放按既定的质量管理规定进行，认真履行关键项目和隐蔽工程检查与验收工作，是工程施工质量目标实现的基本保证。

施工工程质量管理目标的实现是以贯彻和实施 ISO9001 标准、加强项目质量管理、规范管理工作程序、提高工程质量为前提的。工程施工质量管理计划应主要围绕工程质量目标、施工质量保证体系、施工质量控制措施、成品保护措施、工程回访和维修服务措施及全面质量管理等多方面进行。

工程施工质量总目标是达到合同规定的预期标准，符合设计与相关国家施工验收规范的要求，达到绿色、节能、环保等多方面的认证要求，满足业主的使用要求。

9.3.2　项目质量管理组织机构

某工程现场质量管理组织机构图如图 9-2 所示。

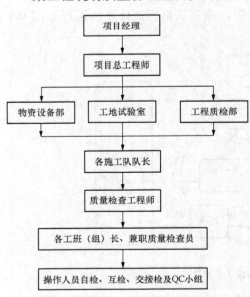

图 9-2　某工程现场质量管理组织机构图

在施工项目实施过程中，一般由项目经理、项目总工程师、各专业负责人、各专业工程师、专（兼）职质量检查员和一线操作人员各司其职，共同协作完成工程的施工任务。

（1）项目经理。全权负责工程的全部工作，督促项目所有管理人员树立质量第一的观念，确保质量管理计划的实施与落实。

（2）项目总工程师。协助项目经理组织指挥生产，直接领导施工中的技术、安全、质量和环保等工作。

（3）各专业负责人。负责本专业工程技术、安全、质量等方面工作，并做好与前提专业施工的配合与协调，是各分项施工方案、作业指导书的主要编制者，并负责做好技术交底工作。

（4）质量检查员。协助上级管理人员帮助施工班组加强质量管理，提高操作质量，参与施工组织设计（或施工方案）的制定，了解与掌握施工顺序、施工方法和保证工程质量的技术措施；参与图纸会审；督促并检查施工操作人员是否严格按图施工；在质量检查过程中有一定的预见性，提供准确而齐备的检查资料，对出现的质量隐患及时发出整改通知单，并监督整改以达到相应的质量要求，对已成型的质量问题有独立的处理能力。

（5）一线操作人员。严格执行操作指令，按要求精心施工。

9.3.3　现场质量管理制度

工程施工程序围绕施工质量进行的一切工作均应制定相应的管理制度，一般可归纳为以下几个方面。

1. 技术交底制度

项目经理部在施工中应严格进行技术交底制度，对每个分部（分项）工程、每道工序的施工都应进行层层的技术交底。交底程序为：在工程施工前由项目技术负责人对施工工长、施工人员进行交底；在分部（分项）工程施工前由分管施工工长对班组长进行技术交底；每个施工部位施工前班长对操作人员进行技术交底。交底时要做好文字记录，对重要的分项工程及施工工序，应由项目技术负责人及工长组织进行技术交底。

2. 材料管理制度

原材料、成品、半成品的质量好坏直接影响工程质量，因此在施工中应严格要求，把好进场时的验证和进场复检关。原材料、成品、半成品在进场前应对供货方提供的质检资料、产品合格证、样品进行验证，必要时可取样试验，合格后方可进场。材料成品、半成品进场后，按照相关规范标准进行复验，合格后应按材料的特性及要求分别进行存储，并做好标识。不合格者不得在工程中使用，也不得在现场堆放，必须立即清运出场。

3. 施工过程控制制度

常见的主要有以下几个制度：

（1）"三检"制度。施工过程中应严格坚持自检、互检、专检的"三检"制度，并做好记录，作业班组在自检的基础上进行班组之间的互检，工序交接时要由质量员、工长、班组长共同进行验收，合格后方可进行下道工序的施工。

（2）"上下工序"制度。上道工序不合格的，不准转入下道工序施工，对存在的问题未解决或未整改之前不得继续施工。

（3）"隐蔽验收"制度。凡隐蔽工程验收必须经甲方代表和监理方验收合格并签证后方能隐蔽。

4. 质量验收制度

施工过程中不合格的分部（分项）工程坚决推倒重新施工，不合格的施工工序不准转入下道工序的施工，并及时进行返工直至合格。坚决实行质量一票否决制度。施工中还应做到以下几个方面：

（1）严格坚持高标准、严要求，不合格的必须返工重来，决不迁就。

（2）严格坚持按施工规范、规程操作，克服管理和操作上的随意性。

（3）严格坚持总体质量控制和细部处理完善，保证成品良好的观感效果。

（4）严格坚持质量通病的预防，保证一次性完成。

（5）严格防止交叉污染，注重成品保护，按规范规程要求，分别对隐蔽工程、分项工程和交工工程进行技术复核及检查验收，切实做好质量检验评定记录。

5. 技术复核制度

主要有以下方面的内容：

（1）项目技术负责人要对施工中采用的技术文件、技术资料等进行复核，准确无误后方可用于工程施工。

（2）重要工序的施工应进行技术复核，隐蔽验收工程应经验收合格后方可进入下道工序。

工程的测量放线应由专职测量员进行放测后再由工长、质量员进行复核，经复核合格后方可用于施工控制。

（3）重要部位隐蔽工程应先由项目质量管理小组自检，再请建设单位、监理单位、设计单位、质监站等检查合格并签字认可后才能进行下道工序的施工。

6. 培训上岗制度

主要有以下方面的内容：

（1）项目的施工技术人员必须通过业务考评并取得上岗证。

（2）班组施工操作人员应取得相应的技术等级，并经过培训合格后方可进入现场施工。

7. 质量检查制度

主要有以下方面的内容：

（1）项目质检组对分部（分项）工程进行跟踪检验和验收，对不合格产品坚决推倒重来。

（2）每月进行一次检查，对工程质量进行复核，并解决质量管理中存在的问题。

（3）根据工程进展情况对基础工程、主体工程、屋面工程等进行检查复核，对工程质量进行确认。

8. 样板间、样板层制度

为确保工程质量一次性达到合格标准，在土建、装饰、装修、安装等工程施工前先进行样板间、样板层、样板施工段等的施工，并请设计、建设、监理单位共同进行评定。样板确定后，在大面积施工中应按样板中确定的工艺、施工程序、质量标准组织施工，并按样板的质量标准进行检查、验收。

此外，成品保护制度，质量文件记录制度，工程质量事故报告及调查制度，分包工程质量检查及基础、主体工程验收制度，单位（子单位）工程竣工检查验收，分包工程（劳务）管理制度等都属于现场质量管理制度的范畴，应结合具体工程的工程特点，有针对性地编制实施。

9.3.4　质量控制点

质量控制点是指对工程质量的性能、安全、可靠性等有严重影响的关键部位或对下道工序有严重影响的关键工序。这些点的质量如果得到了有效控制，那么整个工程的质量就有了保证。

9.3.4.1　质量控制点的确定

依据国家颁布的建筑工程施工质量检验评定标准中规定的应检查的项目和其他相关技术文件要求的内容，作为检查工程质量的质量控制点，并结合工程的实际情况和以往类似工程建设的经验，对确定的质量控制点进行等级划分表后编制控制图确定实施。

9.3.4.2　质量控制点定级

根据各控制点对工程质量的影响程度，一般质量控制点分为A、B、C三级。其中，A级为最重要的质量控制点，由项目总技术负责人负责实施；B级为重要的质量控制点，由项目技术负责人负责实施；C级为一般质量控制点，由施工人员等相应级别的人员负责实施。下面以某消防工程质量控制点的确定举例说明，见表9-1和表9-2。

表 9-1　　　　　　　消防报警及联动控制系统专业质量控制环节控制点一览表

序号	控制要点	主要控制内容	责任人	工作依据	工作见证
1	图纸审查	图纸工艺、技术标高、相关尺寸、选材	项目技术负责人	图纸、规范、标准	图纸会审记录

续表

序号	控制要点	主要控制内容	责任人	工作依据	工作见证
2	施工准备	技术交底、材料配件进场检验	项目施工员、项目材料员	图纸、规范、施工方案	技术交底、材料进场检验记录
3	暗管敷设	埋深、弯曲半径、弯扁度、地线	项目施工员	图纸、规范、工艺标准	隐检记录、质量评定表
4	明管敷设	弯曲半径、弯扁度、卡距	项目施工员	图纸、规范、工艺标准	自检、互检、质量评定表
5	穿线、配线	外观、配线固定、穿线规格	项目施工员	图纸、规范、工艺标准	自检、互检、质量评定表
6	绝缘摇测	相间、相对地绝缘电阻值	项目施工员	图纸、规范、工艺标准	绝缘电阻测试记录
7	盘柜安装	位置、部件、平整度、组柜间隙	项目施工员	图纸、规范、工艺标准	质量评定表
8	接地安装	工作接地阻值、联合接地阻值	项目施工员	图纸、规范、工艺标准	接地电阻测试记录
9	探头、手报等安装	坐标、固定、平整度	项目施工员	图纸、规范、工艺标准	工程预检记录
10	报警系统调试	探头、手报等系统功能	项目施工员	图纸、规范、调试方案	调试报告
11	联动系统调试	消防电梯、正压送风、防排烟卷帘门、水泵切换、电源切换功能	项目施工员	图纸、规范、工艺标准、调试方案	调试报告
12	竣工验收	技术资料、功能及外观	交工领导小组	图纸、规范	交工验收证书
13	消防验收	报警系统、联动系统、功能检测	交工领导小组	图纸、规范、上级文件	消防验收书

表 9-2　　　　消防管道专业质量控制环节控制点一览表

序号	控制要点		主要控制内容	责任人	工作依据	工作见证
1	图纸审查		图纸工艺、技术标高、相关尺寸、选材	项目技术负责人	图纸、规范、标准	图纸会审记录
2	施工准备		技术质量交底、设备材料检验	项目施工员、项目材料员	图纸、规范、施工方案	技术交底、材料进场检验记录
3	管网安装	制作	放线、支吊架制作安装、钢管加工	项目施工员	图纸、规范、工艺标准	自检、互检、质量检验评定
		安装	管道装配、平直度、垂直度	项目施工员	图纸、规范、工艺标准	自检、互检、质量检验评定
		连接	螺纹、法兰、焊口、外观质量	项目施工员	图纸、规范、工艺标准	自检、互检、质量检验评定
4	设备安装	水泵	基础尺寸、设备固定、平整度	项目施工员	图纸、规范、工艺标准	自检、互检、质量检验评定
		水箱	坐标、标高、垂直度、满水试验	项目施工员	图纸、规范、工艺标准	自检、互检、质量检验评定
		水流及报警阀阀门	坐标、配件、连接方式、位置、强度及严密性试验	项目施工员	图纸、规范、工艺标准	自检、互检、质量检验评定、阀门试验记录

续表

序号	控制要点		主要控制内容	责任人	工作依据	工作见证
5	管网试压		压力值、稳压时间、压降	项目施工员	图纸、规范、工艺标准	强度严密性试验记录
6	系统冲洗		流速、进出口水质情况	项目施工员	图纸、规范、工艺标准	冲洗试验记录
7	末端设备安装	消火栓	坐标、平整度	项目施工员	图纸、规范、工艺标准	自检、互检、质量检验评定
		喷头	坐标、间距、垂直度、规格	项目施工员	图纸、规范、工艺标准	自检、互检、质量检验评定
		末端试水装置	位置、固定、外观质量	项目施工员	图纸、规范、工艺标准	自检、互检
		水泵结合器	规格、型号、位置、标高	项目施工员	图纸、规范、工艺标准	自检、互检
8	单机试运转		时间、温升、振动、噪声	项目施工员	图纸、规范、工艺标准	自检、互检、单机试车记录
9	系统调试		稳压、加压、水流、压力开关、报警阀、水力警铃等功能	项目施工员	图纸、规范、工艺标准	调试报告
10	施工验收		技术资料、功能及外观质量	交工领导小组	图纸、规范	单位工程验收记录
11	消防验收		系统灭火功能检测	交工领导小组	图纸、规范、上级文件	消防验收证书

9.3.5 关键过程和特殊过程控制

9.3.5.1 关键过程和特殊过程的概念

关键过程是指施工难度大、过程质量不稳定或出现不合格频率较高的过程；对产品质量特性有较大影响的过程；施工周期长、原材料昂贵、出现不合格后经济损失较大的过程；基于人员素质、施工环境等方面的考虑，认为比较重要的其他过程。例如设备安装中，盘柜和设备吊装过程，地下室混凝土墙体内有防水要求的部位预留预埋施工项目，通水通电、系统运行调试过程等，都是设备安装工程中非常重要的施工关键过程。

特殊过程是指对形成的产品是否合格不易或不能经济地进行验证的过程。例如通风空调工程的综合效能测试、气流组织与风量平衡调整、防水套管的施工等都属于特殊的施工过程。

9.3.5.2 关键过程和特殊过程控制的基本准则

（1）关键过程和特殊过程控制的严格程度应视施工对象的类型、用途、业主要求和施工条件等情况而有所区别，应依据企业自身的具体情况采用不同的控制手段。

（2）关键过程和特殊过程控制必须进行全过程的质量控制，任何工艺环节都应处于受控状态。

（3）根据施工工艺特点，加强施工工艺方法试验验证，及时总结最佳施工工艺控制参数，列入施工工艺规程并对施工工艺参数进行连续控制。

9.3.5.3 关键过程和特殊过程控制要素

1. 人员的控制

凡从事施工过程的操作、检验人员，必须经过岗位培训，考试合格后方可上岗工作，检验人员应具备本过程的适用性判断能力。

2.　工机具的控制

对在特殊工序中使用的设备、工机具等应满足施工工艺要求，经验收合格后方可投入使用，使用过程中进行定期检查。

3.　原材料的控制

对在特殊工序使用的原材料，必须严格安装规范进行检验验收，经验收合格后方可使用。

4.　施工操作技术文件的控制

所有操作过程均应编制相应的施工操作技术文件并进行有效的技术交底，严格督促检查技术文件的落实情况。

5.　环境条件的控制

对进行特殊工序的施工操作环境条件、安全可靠性等，项目部应组织落实；未达到施工工艺要求的，坚决不能进行施工操作。

9.3.5.4　关键过程和特殊过程控制表格

制定制度，落实责任，加强对控制点的管理，制定切合实际的控制点管理制度，明确控制点有关部门和人员的责任分工，规定日常工作程序和检查、验收、考核办法，是进行关键过程和特殊过程控制的手段，控制表格示例见表 9-3。

表 9-3　　　　　　　　　　　　　　过程确认记录表

特殊过程名称：		所在部门：
确认项目	确认结果	
1.　从业人员是否经过培训合格		
2.　如需使用设备的名称，该设备是否符合要求		
3.　作业指导书名称，该作业指导书是否符合要求		
4.　该过程需要的记录是否合理（如有记录，写明记录名称）		
确认结论： □　该特殊过程具备达到质量要求的能力，确认合格。 □　该特殊过程在以下方面确认不合格： 　　　　　　确认人：　　　　　　　　确认日期：		
如确认不合格，经过整改后再次确认的结论： 　　　　　　确认人：　　　　　　　　确认日期：		

9.4　影响施工质量的因素及施工质量事故处理

9.4.1　影响施工质量的因素

施工中产生质量问题最根本的原因可以分为三类：一是管理不到位，二是技术不到位，三是操作不到位。综合起来就是五大因素：人—机—料—法—环。对这五方面的因素严格予以控制，是保证建设项目工程质量的关键。

1. 人——满足对应岗位素质要求的各类专业人才

人的管理的重点是人员的选择、培养与使用。根据工程项目对人力资源的需要和供给状况进行分析及评估，使人员符合岗位技能要求并经过相关培训考核；对关键工序应明确规定关键工序操作、检验人员应具备的专业知识和操作技能，考核合格者持证上岗；对有特殊要求的关键岗位，必须选派经专业考核合格、有现场质量控制知识、经验丰富的人员担任；操作人员需严格遵守相关制度和严格按工艺文件操作，对工作和质量认真负责；检验人员能严格按工艺规程和检验指导书进行检验，做好检验原始记录，并按规定报送。

2. 机——适用的设备与工器具

在施工项目实施阶段，要根据不同工艺特点和技术要求，选用合适的机械设备。对在工程中使用的设备与工器具，应有完整的设备管理办法，包括设备的购置、流转、维护、保养、检定等均有明确规定并均有效实施，有设备台账、设备性能档案、维修检定计划、有相关记录，记录内容完整、准确；施工用设备和检验用设备及工器具等均符合工艺规程要求，能满足工序施工的要求。

3. 料——符合工艺要求的原材料

建筑材料（包括原材料、成品、半成品、构配件、设备）是工程施工的物质条件，材料质量是工程质量的基础。加强材料的质量控制，是提高工程质量的重要保证，是创造正常施工条件，实现工程项目投资控制和进度控制目标的前提。要优先采用节能降耗的新型建筑材料，禁止使用国家明令淘汰的建筑材料。

有明确可行的物料采购、仓储、运输、质检等方面的管理制度并严格执行；建立进料验证、入库、保管、标识、发放制度，并认真执行，严格控制质量；对不合格品有控制办法，职责分明，能对不合格品有效隔离、标识、记录和处理。

4. 法——建立并遵循施工过程的施工工艺标准

施工工艺的建立控制将直接影响工程质量、工程进度及工程造价，施工工艺是否合理可靠也直接影响到工程施工安全。首先，建立工序流程，区分关键工序和一般工序，有效确立工序质量控制点，对工序和质量控制点能标识清楚。其次，有切实有效的施工管理办法、质量控制办法和工艺操作文件，主要工序都有工艺规程或作业指导书，工艺标准对人员、设备、操作方法、施工环境、过程参数等提出具体的技术要求。再次，确保工艺标准在施工过程中处于受控状态，施工现场操作人员能严格执行，全面落实施工工艺要求。

5. 环——符合作业要求的工作环境

影响安装工程项目质量的环境因素主要有：工程技术环境，如工程作业现场水文、气象变化及其他不可抗力等自然环境因素；工程管理环境，如质量保证体系、质量管理制度等；施工操作环境，如施工现场的通风、照明、劳动组合、劳动工具、工作面、安全卫生防护设施等。

有施工现场环境控制管理的制度是进行控制的前提。环境因素对工程质量的影响一般难以避免，它具有复杂多变的特点，往往前一工序就是后一工序的环境。因此，结合工程特点分析并制定相应的管理制度和安全环保措施，不断改善施工现场的环境和作业环境，建全施工现场管理制度，合理布置场地，确保原材料堆放有序，施工道路畅通，工作场所清洁、整齐，施工程序井井有条，加强各类技术交底。落实各项安全技术措施，做到施工现场秩序化、标准化、规范化，文明施工。

9.4.2　施工质量事故处理

鉴于工程施工过程的复杂性，在实际工程中，根据工程质量问题的严重程度和损害情况，将质量问题分为质量缺陷和质量事故。质量缺陷和质量事故均属于工程质量问题，但两者造成的质量问题的严重程度不同。

"缺陷"通常解释为"残损、欠缺或不够完善"。在建筑工程中，缺陷是指由于人为的（勘察、设计、施工、使用）或自然的（地质、气候等）原因，致使建筑物出现影响美观、正常使用、承载力、耐久性和整体稳定性的种种不足的总称。

"事故"通常理解为意外的、特别有害的事件，是物质条件、环境、行为和管理及意外事件的异常状态。建筑工程施工质量事故是指在施工过程中，凡未达到设计文件、承包合同及建筑安装工程质量验收标准的要求，造成（或隐含）危及工程的功能、使用价值和工程结构安全的事故。就是一个物体不能满足使用要求和使用程度而造成经济损失、人员伤亡，或者其他损失的意外情况。

9.4.2.1　施工质量事故分类

根据住建部《关于做好房屋建筑和市政基础设施工程质量事故报告和调查处理工作的通知》（建质〔2010〕111 号）的规定，将事故等级进行了如下划分：

根据工程质量事故造成的人员伤亡或者直接经济损失，工程质量事故分为 4 个等级：

（1）特别重大事故，指造成 30 人以上死亡，或者 100 人以上重伤，或者 1 亿元以上直接经济损失的事故。

（2）重大事故，指造成 10 人以上 30 人以下死亡，或者 50 人以上 100 人以下重伤，或者 5000 万元以上 1 亿元以下直接经济损失的事故。

（3）较大事故，指造成 3 人以上 10 人以下死亡，或者 10 人以上 50 人以下重伤，或者 1000 万元以上 5000 万元以下直接经济损失的事故。

（4）一般事故，指造成 3 人以下死亡，或者 10 人以下重伤，或者 100 万元以上 1000 万元以下直接经济损失的事故。

9.4.2.2　施工质量事故处理

1．施工质量事故处理依据

（1）质量事故的实况资料。

（2）有关合同及合同文件。

（3）有关的技术文件和档案。

（4）相关的建设法律法规。

2．施工质量事故处理程序

（1）工程质量事故发生后，事故现场有关人员应当立即向工程建设单位负责人报告；工程建设单位负责人接到报告后，应于 1h 内向事故发生地县级以上人民政府住房和城乡建设主管部门及有关部门报告。情况紧急时，事故现场有关人员可直接向事故发生地县级以上人民政府住房和城乡建设主管部门报告。

（2）住房和城乡建设主管部门接到事故报告后，应当依照下列规定上报事故情况，并同时通知公安、监察机关等有关部门：

1）较大、重大及特别重大事故逐级上报至国务院住房和城乡建设主管部门，一般事故逐级上报至省级人民政府住房和城乡建设主管部门，必要时可以越级上报事故情况。

2）住房和城乡建设主管部门上报事故情况，应当同时报告本级人民政府；国务院住房和城乡建设主管部门接到重大和特别重大事故的报告后，应当立即报告国务院。

3）住房和城乡建设主管部门逐级上报事故情况时，每级上报时间不得超过 2h。

4）事故报告应包括的内容有：①事故发生的时间、地点、工程项目名称、工程各参建单位名称；②事故发生的简要经过、伤亡人数（包括下落不明的人数）和初步估计的直接经济损失；③事故的初步原因；④事故发生后采取的措施及事故控制情况；⑤事故报告单位、联系人及联系方式；⑥其他应当报告的情况。

5）事故报告后出现新情况，以及事故发生之日起 30 日内伤亡人数发生变化的，应当及时补报。

3．事故调查

（1）住房和城乡建设主管部门应当按照有关人民政府的授权或委托，组织或参与事故调查组对事故进行调查，并履行下列职责：

1）核实事故基本情况，包括事故发生的经过、人员伤亡情况及直接经济损失。

2）核查事故项目基本情况，包括项目履行法定建设程序情况、工程各参建单位履行职责的情况。

3）依据国家有关法律法规和工程建设标准分析事故的直接原因和间接原因，必要时组织对事故项目进行检测鉴定和专家技术论证。

4）认定事故的性质和事故责任。

5）依照国家有关法律法规提出对事故责任单位和责任人员的处理建议。

6）总结事故教训，提出防范和整改措施。

7）提交事故调查报告。

（2）事故调查报告应包括下列内容：

1）事故项目及各参建单位概况。

2）事故发生经过和事故救援情况。

3）事故造成的人员伤亡和直接经济损失。

4）事故项目有关质量检测报告和技术分析报告。

5）事故发生的原因和事故性质。

6）事故责任的认定和事故责任者的处理建议。

7）事故防范和整改措施。

事故调查报告应当附具有关证据材料。事故调查组成员应当在事故调查报告上签名。

4．事故处理

（1）住房和城乡建设主管部门应当依据有关人民政府对事故调查报告的批复和有关法律法规的规定，对事故相关责任者实施行政处罚。处罚权限不属本级住房和城乡建设主管部门的，应当在收到事故调查报告批复后 15 个工作日内，将事故调查报告（附具有关证据材料）、结案批复、本级住房和城乡建设主管部门对有关责任者的处理建议等转送有权限的住房和城乡建设主管部门。

（2）住房和城乡建设主管部门应当依据有关法律法规的规定，对事故负有责任的建设、勘察、设计、施工、监理等单位和施工图审查、质量检测等有关单位分别给予罚款、停业整顿、降低资质等级、吊销资质证书其中一项或多项处罚，对事故负有责任的注册执业人员分别给予罚款、停止执业、吊销执业资格证书、终身不予注册其中一项或多项处罚。

9.4.2.3　施工质量缺陷处理

1．修补处理

当工程的某些部分的质量虽未达到规定的规范、标准或设计的要求，存在一定的缺陷，但经过修补后可以达到要求的质量标准，又不影响使用功能或外观的要求时，可采取修补处理的方法。

2．加固处理

主要是针对危及承载力的质量缺陷的处理。

3．返工处理

当工程质量缺陷经过修补处理后仍不能满足规定的质量标准要求，或不具备补救可能性时，必须采取返工处理。

4．限制使用

在工程质量缺陷按修补方法处理后无法保证达到规定的使用要求和安全要求，而又无法返工处理的情况下，不得已时可作出限制使用的决定。

5．不作处理

（1）不影响结构安全、生产工艺和使用要求的。

（2）后道工序可以弥补的质量缺陷。

（3）法定检测单位鉴定合格的。

（4）出现的质量缺陷，经检测鉴定达不到设计要求，但经原设计单位核算，仍能满足结构安全和使用功能的。

6．报废处理

出现质量缺陷的工程，通过分析或实践，采取上述处理方法后仍不能满足规定的质量要求或标准的，必须予以报废处理。

思　考　题

1．通常施工现场管理制度有哪些？

2．如何设置并确定质量控制点？

3．施工质量缺陷处理措施有哪些？

第 10 章　施工安全、环境管理、文明施工与职业健康管理

10.1　施 工 安 全 管 理

10.1.1　施工安全管理相关概念

1．施工安全

建筑工程和建筑设备安装工程是事故风险较高的行业，施工安全，主要是避免或减少一般安全事故和轻伤事故，杜绝重大、特大安全事故和伤亡事故的发生，最大限度地确保施工中劳动者的人身和财产安全。

国家对建筑安全问题极为重视，并制定了"预防为主、安全第一、综合治理"的安全工作方针。建设部、安全生产监督管理总局对建筑工程施工要求所有建筑工程从建设单位到分包单位均配备安全员，并要求对施工作业人员实行三级安全教育（企业教育、项目部教育、班组教育）；特殊工种和高危岗位的工作人员要通过国家相关部门的考试合格后持证上岗。

2．安全管理

安全管理是为了满足施工安全，对涉及施工过程中的危险进行控制的计划、监督、控制和改进等一系列管理组织活动。

安全管理的根本目的是保护广大劳动者和设备的安全，防止伤亡事故和设备事故危害，保护国家和集体财产不受损失，保证施工过程的正常进行。

10.1.2　安全管理程序

安全管理程序如图 10-1 所示。

10.1.2.1　确定目标、编制安全管理计划

安全第一，预防为主，在以项目经理为首的项目管理体系内，确定每个岗位的安全目标，实现全员安全管理。

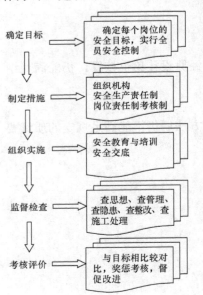

图 10-1　安全管理程序

确定项目重要危险源，制定项目安全管理指标与编制安全管理措施。表 10-1 为某设备安装工程重大危险源展开表。

表 10-1　　　　　　　　　某设备安装工程重大危险源展开表

序号	重大危险因素	可能导致的事故	指　　标	实 施 措 施
1	高空防护缺陷、违章作业	高空坠落、坠物伤人	1．"三宝"合格有效率 100%； 2．"四口""五临边"安全防护设施完好率 100%；	1．严格执行《安全防护设施管理程序》； 2．全面检查、统计"三宝""四

续表

序号	重大危险因素	可能导致的事故	指　标	实　施　措　施
1	高空防护缺陷、违章作业	高空坠落、坠物伤人	3. 塔吊、井架、电梯、吊篮等合格率100%； 4. 机械操作人员持证上岗率100%	口""五临边"安全防护设施情况； 3. 吊装管道登高应有防护； 4. 对存在的问题进行分析，提出并实施改进措施； 5. 检查验收改进措施实施情况
2	机械故障、操作失误	机械伤害	1. 机械设备进场合格率100%； 2. 机械操作人员持证上岗率100%	1. 严格执行《机械设备管理程序》； 2. 机械设备必须经过验收合格后方可进场使用； 3. 机械操作人员必须持证上岗，并对机械设备进行定期检修，保证机械设施正常使用
3	用电设施防护缺陷、违章操作	触电	1. 用电设备的漏电保护设施合格率及设置率均为100%； 2. 电工持证上岗率100%	1. 严格执行《施工用电管理程序》； 2. 所有用电设施按规定设置漏电保护装置及防护设施； 3. 定期对用电设备漏电保护设施及专业电工的配置情况进行检查； 4. 定期对电工进行业务培训
4	焊接烟雾、弧光	伤害视力、损伤皮肤	1. 电焊弧光伤眼事故发生率小于0.2%； 2. 防护用品合格率100%	1. 电焊工必须持证上岗； 2. 焊接作业时必须佩戴防护面具和手套
5	明火作业	火灾、爆炸	1. 项目部火灾发生率为0； 2. 消防器材合格率100%	1. 严禁明火作业，因工艺要求确需明火作业，必须经过部门负责人审批，同时施工现场必须配置有效的灭火器材； 2. 工地禁止明火取暖； 3. 对能造成明火的施工机械设备须定期进行检查，保证按规定设置防火设施； 4. 对施工现场消防器材定期检查，保证符合规定要求
6	有毒有害气体散发、违章作业	损害呼吸系统、中毒	1. 施工作业人员中毒事件发生率为0； 2. 事故人员伤亡率为0	1. 优先使用不产生有害气体的材料； 2. 对产生有毒有害气体的工序应制定技术交底，配置防护设施，保证通风畅通，必要时进行培训； 3. 对易产生有毒有害气体的材料进行重点保护，严禁违章作业； 4. 项目部配备必要的急救药品
7	沟槽开挖支护措施缺陷、违章作业	坍塌	1. 坍塌事故发生率为0； 2. 人员事故伤亡率为0	1. 容易造成土石方、坍塌或倒塌的作业必须编制施工方案，经过相关部门负责人审批后方可实施； 2. 严禁违章作业，消除坍塌隐患； 3. 定期检查防坍塌措施实施情况，发现问题及时改进
8	劳动防护用品使用不当	扎、砸、挤等伤害	1. 劳动防护用品合格率100%； 2. 劳动防护用品配备率100%	1. 严格执行公司《劳动防护用品管理程序》的有关规定； 2. 定期给职工发放劳动防护用品； 3. 定期检查劳动防护用品的使用情况

10.1.2.2　制定措施，建立有管理层次的项目安全管理组织机构

施工现场安全生产管理体系是施工企业和施工现场整个管理体系的一个组成部分，施工现场安全生产管理组织机构的建立不仅是为了满足工程项目部自身安全生产的要求，同时也是为了满足相关方对施工现场安全生产管理体系的持续改善和安全生产保证能力的信任。

（1）组织机构。以项目经理为首，由项目副经理、项目技术总负责人、项目安全部门和其他相关部门及专业安全工程师，各施工班组等各方面的管理人员组成安全管理组织机构。

（2）各方责任：

1）项目经理：全面负责施工现场的安全措施、安全生产等，保证施工现场的安全。

2）项目副经理：直接对安全生产负责，督促、安排各项安全工作，并按规定组织检查、做好记录。

3）项目总工程师：制定项目安全技术措施和分部工程安全方案，督促安全措施的落实，解决施工过程中不安全的技术问题。

4）专业专职安全员：督促施工全过程的安全生产，纠正违章，配合有关部门排除施工不安全因素，安排项目部安全活动及安全教育的开展，监督劳保用品的发放和使用等。

5）施工工长（专业工程师）：负责上级安排的安全工作的实施，制定分项工程的安全方案，进行施工前的安全交底工作，监督并参与班组的安全学习。

6）其他部门：技术部保证进场施工人员的安全技术素质，控制加班加点，保证劳逸结合；公司财务部门保证用于安全生产上的经费；后勤、行政部门保证工人的基本生活条件，保证工人健康；物资采购部门应采购合格的用于安全生产及劳防的产品和材料。

（3）针对项目重要危险源，制定相应的安全技术措施；对达到一定规模的危险性较大的分部（分项）工程和特殊工种的作业，制定专项安全技术措施。

对于在工程施工中危险性较大的分部（分项）工程，应当在施工前单独编制安全专项施工方案。例如，工程施工中的基坑支护与降水工程、土方开挖（挖槽）工程、设备起重吊装工程、登高作业的脚手架工程，以及采用新技术、新材料、新工艺，可能影响工程质量安全，尚无技术标准的施工过程，均应制定专项安全技术措施，全程关注施工，确保施工过程的安全。

（4）制定季节性安全施工措施。季节性安全施工措施主要是指冬、雨季，高温季节、雷雨季节、汛期（台风）等特定季节施工时，针对防冻、防雨、防风、防高温的安装工程施工技术措施，因其常见故一般均已形成成熟的技术措施，项目部进行重点检查和监控，即可确保施工的安全。

10.1.2.3　建立健全安全管理制度和安全教育培训制度

1. 明确安全教育内容

（1）安全生产思想教育。为安全生产奠定基础，通常从加强安全生产政策法规标准和劳动纪律教育两个方面进行。

（2）安全知识教育。工程项目概况、施工工艺及方法、危险区域、危险部位、各种不安全因素等级及其安全防护的基本知识和注意事项。

（3）安全技能教育。结合本工种或专业特别，实现安全操作、安全防护所必须具备的基本技术知识。

（4）事故实例教育。在安全生产教育中，结合典型的事故教训进行案例教育，从中吸取有益的东西，防止今后类似事故的发生。

（5）法制教育。定期和不定期对职工进行遵纪守法的教育，以杜绝违章指挥、违章作业的发生。

2. 坚持三级教育

新工人入场和施工人员调换工种必须进行企业（公司）、工程项目部和班组三级教育。这是施工现场必须坚持的安全生产基本教育制度，经三级教育考核合格者方能进入工作岗位，并建立三级教育卡归档备查。三级教育的内容主要有：

（1）企业教育。安全生产政策、法规、标准、规章制度、安全纪律、事故案例，发生事故后如何抢救伤员、排险、保护现场和及时报告。

（2）工程项目部教育。施工安全基本知识，安全生产制度、规定及安全隐患注意事项；本工种的安全技术操作规程；机械设备电气安全及高处作业安全基本知识；防毒、防尘、防火、防爆、紧急情况安全技术和安全疏散知识；防护用具、用品使用基本知识。

（3）班组教育。本班组作业及安全技术操作规程；班组安全活动制度及纪律；爱护和正确使用安全防护装置、设施及个人劳动防护用品；本岗位易发生事故的不安全因素及防范对策；本岗位的作业环境及使用的机械设备、工具的安全要求。

3. 加强特种作业人员培训

特种作业人员除一般安全教育外，必须经国家规定的有关部门进行安全教育和安全技术培训，并经考核合格取得操作证后方可独立作业，同时要按规定时间进行复审。

4. 安全技术交底

（1）安全技术交底的基本要求：项目经理部必须实行逐级安全技术交底制度，纵向延伸到班组全体作业人员；技术交底必须具体、明确、针对性强；技术交底的内容应针对分部（分项）工程给施工中给作业人员带来的潜在危害和存在问题；应优先采用新的安全技术措施；应将工程概况、施工方法、施工程序、安全技术措施等向工长、班组长进行详细交底；定期向由两个以上作业队和多工种进行交叉施工的作业队伍进行书面交底；保持书面安全技术交底签字记录。

（2）安全技术交底的主要内容：本工程的施工作业特点和危险点；针对危险点的具体预防措施；应注意的安全事项；相应的安全操作规程和标准；发生事故后应及时采取的避难和急救措施。

10.1.2.4 安全检查

1. 建筑工程安全检查的内容

安全检查是发现、消除事故隐患，预防安全事故和职业危害比较有效和直接的方法之一，是主动性的安全防范。

（1）安装工程施工安全检查的主要内容及标准：

1）安装工程施工安全检查主要是以查安全思想、查安全责任、查安全制度、查安全措施、查安全防护、查设备设施、查教育培训、查操作行为、查劳动防护用品使用和查伤亡事故处理等为主要内容。

2）安全检查要根据施工生产特点，具体确定检查的项目和检查的标准：①查安全思想主要是检查以项目经理为首的项目全体员工的安全生产意识和对安全生产工作的重视程度。②查安全责任主要是检查现场安全生产责任制度的建立；安全生产责任目标的分解与考核情况，安全生产责任制与责任目标是否已落实到每一个岗位和每一个人员，并得到了确认。③查安全制度主要是检查现场各项安全生产规章制度和安全技术操作规程的建立和执行情况。④查安全措施主要是检查现场安全措施计划及各项安全专项施工方案的编制、审核、审批及实施情况；重点检查方案的内容是否全面、措施是否具体并有针对性，现场的实施运行是否与方案规定的内容相符。⑤查安全防护主要是检查现场临边、洞口等各项安全防护设施是否到位，有无安全隐患。⑥查设备设施主要是检查现场投入使用的设备设施的购货、租赁、安装、验收、使用、过程维护保养等各个环节是否符合要求；设备设施的安全装置是否齐全、灵敏、可靠，有无安全隐患。⑦查教育培训主要是检查现场教育培训岗位、教育培训人员、教育培训内容是否明确、具体、有针对性，三级安全教育制度和特种作业人员持证上岗制度的落实情况是否到位，教育培训档案资料是否真实、齐全。⑧查操作行为主要是检查现场施工作业过程中有无违章指挥、违章作业及违反劳动纪律的行为发生。⑨查劳动防护用品的使用主要是检查现场劳动防护用品、用具的购置，产品质量，配备数量和使用情况是否符合安全与职业卫生的要求。⑩查伤亡事故处理主要是检查现场是否发生伤亡事故，对发生的伤亡事故是否已按照"四不放过"的原则进行了调查处理，是否已有针对性地制定了纠正与预防措施，以及制定的纠正与预防措施是否已得到落实并取得实效。

（2）安装工程施工安全检查的主要形式：

1）安装工程施工安全检查的主要形式一般可分为定期安全检查，经常性安全检查，季节性安全检查，节假日安全检查，开工、复工安全检查和专业性安全检查等。表10-2所示为安全检查记录表。

表 10-2   **安 全 检 查 记 录 表**

检查类型：定期安全检查   编号：

单位名称		工程名称		检查时间	
检查单位					
检查项目或部位					
参加检查人员					
检查记录：					
检查结论及复查意见：					
检查负责人：　　　　复查人：　　　　技术科：　　　　安全科：　　　　复查日期：					

填表人：

2）安全检查的组织形式应根据检查的目的、内容而定，因此参加检查的组成人员也就不完全相同：①定期安全检查。施工企业应建立定期分级安全检查制度，定期安全检查属全面性和考核性的检查，建筑工程施工现场应至少每旬开展一次检查工作，施工现场的定期安全检查应由项目经理亲自组织。②经常性安全检查。工程施工应经常开展预防性的安全检查工作，以便于及时发现并消除事故隐患，保证施工生产正常进行。施工现场经常性的安全检查方式主要有：现场专（兼）职安全生产管理人员及安全值班人员每天例行开展的安全巡视、巡查；现场项目经理、责任工程师及相关专业技术管理人员在检查生产工作的同时进行的安全检查；作业班组在班前、班中、班后进行的安全检查。③季节性安全检查。季节性安全检查主要是针对气候特点（如暑季、雨季、风季、冬季等）可能给安全生产造成的不利影响或带来的危害而组织的安全检查。④节假日安全检查。在节假日，特别是重大或传统节假日（如十一、元旦、春节等）前后和节日期间，为防止现场管理人员和作业人员思想麻痹、纪律松懈等进行的安全检查。节假日加班，更要认真检查各项安全防范措施的落实情况。⑤开工、复工安全检查。针对工程项目开工、复工之前进行的安全检查，主要是检查现场是否具备保障安全生产的条件。⑥专业性安全检查。由有关专业人员对现场某项专业安全问题或在施工生产过程中存在的比较系统性的安全问题进行的单项检查。这类检查专业性强，主要应由专业工程技术人员、专业安全管理人员参加。

　　2. 建筑工程安全检查的方法

　　安装工程安全检查在正确使用安全检查表的基础上，可以采用"问""看""量""测""运转试验"等方法进行。

　　（1）问。主要是指通过询问、提问，对以项目经理为首的现场管理人员和操作工人进行的应知应会抽查，以便了解现场管理人员和操作工人的安全意识和安全素质。

　　（2）看。主要是指查看施工现场安全管理资料和对施工现场进行巡视。例如，查看项目负责人、专职安全管理人员、特种作业人员等的持证上岗情况，现场安全标志设置情况，劳动防护用品使用情况，现场安全防护情况，现场安全设施及机械设备安全装置配置情况等。

　　（3）量。主要是指使用测量工具对施工现场的一些设施、装置进行实测实量。例如，对脚手架各种杆件间距的测量，对现场安全防护栏杆高度的测量，对电气开关箱安装高度的测量等。

　　（4）测。主要是指使用专用仪器、仪表等监测器具对特定对象关键特性技术参数的测试。例如，对剩余电流动作保护器漏电动作电流、漏电动作时间的测试，对现场各种接地装置接地电阻的测试，对电动机绝缘电阻的测试等。

　　（5）运转试验。主要是指由具有专业资格的人员对机械设备进行实际操作、试验，检验其运转的可靠性或安全限位装置的灵敏性。例如，对施工电梯制动器、限速器、上下极限限位器、门联锁装置等安全装置的试验，对龙门架超高限位器、断绳保护器等安全装置的试验等。

10.1.3　施工现场的安全管理基本要求

　　根据《建设工程安全生产管理条例》，施工现场安全管理应坚持坚持"安全第一、预防为主"的方针，建立健全安全责任。具体来说有以下基本要求：

　　（1）施工单位应在取得安全行政部门颁发的《安全施工许可证》后方可施工。

　　（2）总承包和分包单位均应通过安全资格审查认可。

　　（3）各类施工人员均应具备相应的安全执业资格。

　　（4）特种施工人员必须持有有效的特种专业操作证。

　　（5）所有员工必须经过三级安全教育。

　　（6）安全隐患整改必须达到"五定"要求，即定整改责任人、定整改措施、定整改完成时间、定整改完成人、定整改验收人。

（7）必须把好安全生产"六关"，即措施关、交底关、教育关、防护关、检查关、改进关。

（8）施工现场安全设施必须齐全，符合国家及地方安全管理条例，施工设备经安全检查合格后方可使用。

10.1.4 安全事故的处理

1. 事故报告阶段

（1）轻伤事故。在逐级报告（负伤人员或最先发现者—班组长—项目经理—企业安全管理部门—企业负责人）的同时，项目部填写"伤亡事故登记表"一式两份，报企业安全管理部门一份，项目部自存一份，填报时间最迟不能晚于事故发生后 24h。

（2）重伤事故。发生事故的项目部应立即将事故概况（包括时间，地点，受伤者姓名、年龄、工种或职务职称、受伤程度，事故发生经过和发生事故的简要原因等）用快速办法（电话、传真和电子邮件等）分别报告企业安全管理部门和企业负责人。

（3）死亡事故。按照国务院第 493 号令《生产安全事故报告和调查处理条例》的规定，死亡事故发生后，事故现场有关人员应立即用快速办法向本单位负责人报告。单位负责人接到报告后，应当于 1h 内向事故发生地县级以上人民政府安全生产监督管理部门和负有安全生产监督管理职责的有关部门报告。情况紧急时，事故现场有关人员可以直接向事故发生地县以上人民政府安全生产监督管理部门和负有安全生产监督管理职责的有关部门报告。

（4）报告事故应当包括下列内容：

1）事故发生单位概况。

2）事故发生的时间、地点及事故现场情况。

3）事故的简要经过。

4）事故已经造成或者可能造成的伤亡人数（包括下落不明的人数）和初步的直接经济损失。

5）已采取的措施。

6）其他应当报告的情况。

7）事故报告后出现新情况的，应当及时补报。自事故发生之日起 30 日内，事故造成的伤亡人数发生变化的，应当及时补报。交通事故、火灾事故自发生之日起 7 日内，事故造成的伤亡人数发生变化的，应当及时补报。

（5）事故伤害人员抢救和现场保护：

1）事故发生项目负责人和事故发生单位负责人接到事故报告后，应当立即启动相关应急预案，或者采取有效措施，首先组织抢救伤员，防止事故蔓延扩大，预防二次事故的发生，减少人员伤亡和财产损失。要防止残留危险品的燃烧、爆炸，防止可燃气体、液体继续泄漏挥发，形成爆炸性混合气体，防止中毒、隐燃、悬中物塌落等。

2）事故发生后，保护事故现场设立警戒线，撤离所有无关人员并禁止入内，需要时应断绝交通。事故单位和人员应当妥善保护事故现场和相关证据，任何单位和个人不得破坏事故现场，毁灭相关证据。

3）因抢救人员、防止事故扩大及疏通交通等原因需要移动事故现场物件时，应做出标记，绘制现场简图并做好书面记录，妥善保存现场重要痕迹、物证。

2. 事故调查阶段

事故调查由人民政府或人民政府授权、委托的有关部门组织进行，事故调查组由人民政府、安监、主管部门、监察、公安、工会等部门的有关人员组成，并应当邀请人民检察院派员参加，视情况也可以聘请有关专家参与。调查组成员如与调查的事故有直接利害关系的必须回避，调查组组长由市政府指定。

（1）事故调查的主要任务：

1）明事故发生的经过、原因、人员伤亡情况及直接经济损失。

2）认定事故的性质和事故责任。

3）提出对事故责任者的处理建议。

4）总结事故教训，提出防范和整改措施。

5）提出事故调查报告。

（2）事故调查取证是完成事故调查过程的非常重要的一个环节，主要包括以下五个方面：

1）事故现场处理。为保证事故调查、取证客观公正地进行，在事故发生后，对事故现场要进行保护。

2）事故有关物证收集。

3）事故事实材料收集。手机与事故鉴别、记录有关的材料，事故发生的有关事实。

4）事故人证材料收集记录。

5）事故现场摄影、拍照及事故现场图绘制。一是事故现场摄影、拍照，二是事故现场图的绘制。

3. 事故处理阶段

事故调查与事故处理是两个相对独立而又密切联系的工作。事故处理的任务主要是根据事故调查的结论，对照国家有关法律、法规，对事故责任人进行处理，落实防范重复事故发生的措施，贯彻"四不放过"的原则。所以，事故调查是事故处理的前提和基础，事故处理是事故调查目的的实现和落实。

国家对发生事故后的"四不放过"处理原则，其具体内容是：①事故原因未查清不放过；②责任人员未受到处理不放过；③事故责任人和周围群众没有受到教育不放过；④事故制定的切实可行的整改措施未落实不放过。事故处理的"四不放过"原则是要求对安全生产工伤事故必须进行严肃、认真的调查处理，接受教训，防止同类事故重复发生。

提交的事故调查报告经政府批复后，有关机关应当按照政府的批复依照法律、行政法规规定的权限和程序，对事故发生单位和有关人员进行行政处罚，对负有事故责任的国家工作人员进行处分；事故发生单位对本单位负有事故责任的人员进行处理；涉嫌犯罪的，依法追究刑事责任。其他法律、行政法规对发生事故的单位及其有关责任人员规定的罚款幅度与《〈生产安全事故报告和调查处理条例〉罚款处罚暂行规定》（国家安监总局 2007 年第 13 号令）不同的，按照较大的幅度处以罚款，但对同一违法行为不得重复罚款。事故发生单位及其有关责任人员有两种以上应当处以罚款的行为，应合并作出处罚决定。

4. 事故结案阶段

按照政府批复的事故调查报告，有关机关和事故发生单位应当及时将处理结果报调查组牵头单位，事故调查组及时予以结案，并出具结案通知书。事故结案应归档的资料有：

（1）职工伤亡事故登记表。

（2）事故调查报告及批复。

（3）现场调查记录、图纸、照片。

（4）技术鉴定或试验报告。

（5）物证、人证材料。

（6）直接和间接经济损失材料。

（7）医疗部门对伤亡人员的诊断书。

（8）发生事故的工艺条件、操作情况和设计资料。

（9）处理结果和受处分人员的检查材料。

（10）有关事故通报、简报及文件。

10.2　施 工 环 境 管 理

10.2.1　环境管理的概念

资源和环境是人类赖以生存和发展的基本条件。当今世界上出现的严重的环境危机，实际上是向人类社会发出的严峻挑战。如何使全社会行动起来，从每个人的角度，从点滴做起，方方面面从保护环境出发，保护现有的生存空间，是我们每个人都应该考虑的问题。

所谓环境管理，是指运用计划、组织、协调、控制、监督等手段，为达到预期环境目标而进行的一项综合性活动。

10.2.2　施工环境管理计划

为了贯彻落实建设部关于建设工程"四节"（节地、节水、节能、节材）要求以及保护和改善生活环境与生态环境，建设资源节约型、环境友好型社会，减少由于建筑施工活动造成的环境污染和扰民，保障工地附近居民和施工人员的安全与健康，在项目执行过程中，需要制订相应的环境管理计划。

1. 确定项目重要环境因素，制订项目环境管理计划

某项目制定的环境目标和控制方案详见表 10-3。

表 10-3　　　　　　　　　　　　　某项目制定的环境目标和控制方案

序号	环境因素	危　　害	目　　标	控 制 方 案
1	噪声	扰民、影响人的睡眠，引起工作事故，更严重的是噪音可使人的听力和健康受到损害	施工现场噪声排放持续达标准，无居民投诉	1. 制定控制方案； 2. 对作业人员配备防护用品； 3. 采用环保型低噪声设备； 4. 禁止夜间作业或取得夜间施工作业许可； 5. 项目部对噪声进行监测
2	粉尘	生产性粉尘主要引起呼吸系统疾病，如呼吸系统刺激、黏膜刺激、各种尘肺病	控制粉尘排放	1. 制定控制方案； 2. 对现场易扬尘物质（水泥、石灰、渣土砂石等）进行防护； 3. 现场主要干道硬化；非干道进行绿化或用石子覆盖； 4. 出场运输车辆全部覆盖或控制装载量；设置冲洗设施； 5. 项目部对粉尘进行监测
3	有毒有害废弃物	对土壤、水、大气等环境造成影响	控制有害废物的产生，建筑垃圾分类，可回收物最大可能回收再利用，施工废弃物、弃渣按要求处理	1. 对材料采购进行控制，对供方提出环保要求； 2. 对施工废弃物制定管理方案； 3. 对油漆、油桶、稀料桶、水泥袋、

续表

序号	环境因素	危　害	目　标	控　制　方　案
3	有毒有害废弃物	对土壤、水、大气等环境造成影响	控制有害废物的产生，建筑垃圾分类，可回收物最大可能回收再利用，施工废弃物、弃渣按要求处理	设备包装袋（膜）等进行回收处理； 4. 现场设有毒有害废物堆放地，将焊条、废钢筋、模板、木材等可回收物分别存放，集中处理
4	废水	污染环境	生产、生活污水排放达标	1. 现场搅拌站、洗车处设沉淀池； 2. 食堂设隔油池和沉淀池； 3. 现场厕所设化粪池； 4. 项目部对废水排放进行监测
5	能源消耗	能源浪费	逐年降低 5%	1. 检查现场用水是否存在"跑、冒、滴、漏"现象； 2. 现场有无长明灯； 3. 设置专用水、电表，按月统计
6	火灾	破坏生态环境	杜绝	制定安全用电、动火管理规定

2. 建立项目环境管理组织机构并明确职责

建立环境管理体系，并制定相应的管理制度与目标。以项目经理为第一责任人，负责环境施工管理的组织实施与目标实现。某项目环境管理组织机构图如图 10-2 所示。

3. 制定现场环境保护措施

（1）扬尘控制。施工现场场地平整、坚实，主要道路采用混凝土硬化，安排专人清扫，配备相应的洒水设备；施工现场土方应集中堆放，并采取覆盖措施；现场裸露的场地和集中堆放的土方采取覆盖、固化或绿化等措施；施工现场设置冲洗车辆设施，设专人负责；施工现场进行机械剔凿作业时，作业面局部应遮挡、掩盖或采取水淋等降尘措施；

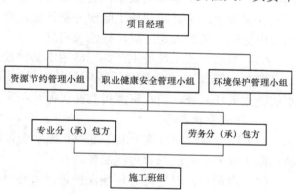

图 10-2　某项目环境管理组织机构图

施工机械凡有气体排放和有粉尘排出的，必须在棚内作业，符合尾气排放标准和扬尘治理标准（如电锯、电刨、砂轮机等）；施工现场内严禁焚烧任何废弃物，有毒有害废弃物分类存放现场临时指定地点，达到一定数量时，委托当地环保局批准的有毒有害废弃物清运、消纳单位进行处理。

（2）噪声控制。达到 GB 12523—2011《建筑施工场界环境噪声排放标准》的要求，严格控制施工作业时间，最大限度地减少噪声扰民；对人为的施工噪声应有管理制度和降噪措施，并进行严格控制，装卸材料应做到轻拿轻放；严格控制人为活动噪声的产生，施工作业时不准强敲铁器；不准大声叫嚷；工程部对施工现场环境噪声进行定期监测，必要时委托当地环保局对施工现场噪声进行监测。

（3）光污染治理措施。合理安排作业时间，尽量避免夜间施工，必要时的夜间施工，应合理调整灯光照射方向，在保证现场施工作业面有足够光照的条件下，减少对周围居民生活的干扰；在高处进行电焊作业时，应采取遮挡措施，避免电弧光外泄。

（4）施工固体废弃物治理措施。施工中应减少施工固体废弃物的产生，工程结束后，对施工中产生的固体废弃物必须全部清除，设置封闭式垃圾站，施工垃圾（如土、渣土、散落的砂浆和混凝土、剔凿产生的砖石和混凝土碎块、金属、木材、装饰装修产生的废料、各种包装材料和其他废弃物等）、生活垃圾应分类存放，并按规定及时清运、消纳。

（5）水土污染治理措施。施工废水不得直接排入市政污水管网，经二次沉淀后循环使用或用于洒水降尘；现场存放油料及各种有毒液态物料应设有专门的库房，同时必须对库房进行防渗漏处理，储存和使用都要采取措施，防止油料泄漏，污染土壤水体；废弃的油料和化学溶剂应集中处理，不得随意倾倒；生活区食堂，应设置有效的隔油池，加强管理，设专人定期清淘，清淘物委托有准运证件的单位运输并按规定进行处理；施工现场设置的临时厕所化粪池应作抗渗处理，生活垃圾和粪便由工程项目所在地环卫部门定期消纳处理。

（6）有害气体排放治理措施。施工现场严禁焚烧各类废弃物；建筑材料应有合格证明。对含有害物质的材料应进行复检，合格后方可使用；施工中所使用的阻燃剂应符合国家标准。

（7）节能。照明器具宜选用节能性器具，在满足照度的前提下，办公室节能型照明器具功率密度值不得大于 $8W/m^2$，宿舍不得大于 $6W/m^2$，仓库照明不得大于 $5W/m^2$；施工机械设备应建立按时保养、保修、检验制度；施工机械宜选用高效节能电动机；合理安排工序，提高各种机械的使用率和满载率；与各分承包方签订用电管理协议，施工用电装设电表，实行用电计量管理，生活区和施工区应分别计量，严格控制用电量；用电电源处应设置明显的节约用电标识，做到人走灯灭，杜绝长明灯。

（8）节水。施工现场生产、生活用水必须使用节水型生活用水器具（如节水型水龙头、低水量冲洗便器），在水源处设置明显的"节约用水"标识，杜绝长流水现象；建立可再利用水的收集处理系统，使水资源得到梯级循环利用；制定用水定额指标，分量管理。

4. 环境管理实施

（1）环境管理应对整个施工过程实施动态管理，加强对施工策划、施工准备、材料采购、现场施工等各个阶段的管理与监督。

（2）定期有针对性地对环境保护进行宣传，营造环境保护的范围；定期对施工人员进行知识培训，增强环保意识。

5. 环境施工处理的规定

环境事故分为环境污染事故和环境破坏事故两类。

环境污染事故主要指在正常生产经营活动中，因施工操作方式、工具、设备等产生的废气、废水、噪声、粉尘、油污等的排放（或经治理后排放）未达到国家或地方主管部门规定的容许标准，致使周边环境受到污染。

环境破坏事故系指企业为追求经济利益，在生产经营活动过程中违反国家有关规定，不合理地开发、利用自然资源和兴建工程项目而引起的生态环境的退化及由此而衍生的有关环境效应，从而对人类的生存环境产生不利影响的现象。

事故发生后，项目经理应当按照《中华人民共和国环境保护法》《中华人民共和国水污染防治法》《饮用水水源保护区污染防治管理规定》《中华人民共和国大气污染防治法》《中华人民共和国固体废物污染环境防治法》《中华人民共和国安全生产法》及有关防范环境污染事故的现行法律法规，以及本单位制定的应急处理预案立即组织处理，采取措施防止事故扩大，且不论事故原因、责任，都必须按照国家和企业的有关规定进行事故报告，不得以任何理由拖延报告、谎报或隐瞒不报。

事故现场有关人员应当立即报告项目经理，事故发生单位在接到事故报告后须立即向主管领导和上级主管部门报告，并向当地政府主管部门报告。

10.3　文　明　施　工

10.3.1　文明施工概述

建筑工程施工现场是企业对外的窗口，直接关系到企业和城市的文明与形象。文明施工的目的保持施工现场良好的作业环境、卫生环境和工作秩序，主要包括以下几个方面的工作：

（1）规范场容，保持作业环境整洁卫生。

（2）创造文明有序安全生产的条件。

（3）减少对居民和环境的不利影响。

（4）抓好项目文化建设。

10.3.2　文明施工的组织与管理

1. 组织和体制管理

（1）施工现场应成立以项目经理为第一责任人的文明施工管理组织。分包单位应服从总包单位的文明施工管理组织的统一管理，并接受监督检查。

（2）各项施工现场管理制度应有文明施工的规定，包括个人岗位责任制、经济责任制、安全检查制度、持证上岗制度、奖惩制度、竞赛制度和各项专业管理制度等。

（3）加强和落实现场文明检查、考核与奖惩管理，以促进施工文明管理工作的提高。检查范围和内容应全面周到，包括生产区、生活区、场容院貌、环境文明及制度落实等内容。检查发现的问题应采取整改措施。

2. 文明施工的资料及依据

（1）关于文明施工的标准、规定、法律法规等资料。

（2）施工组织设计中对文明施工管理的规定，各阶段施工现场文明施工的措施。

（3）文明施工自检资料。

（4）文明施工教育、培训、考核计划的资料。

（5）文明施工活动各项记录资料。

10.3.3　现场文明施工的基本要求

（1）施工现场出入口应有企业名称或企业标示，主要出入口明显处应设置工程概况牌，大门内应设置施工现场总平面图和安全生产、消防保卫、环境保护、文明施工和管理人员名单及监督电话牌等制度牌。

（2）施工现场必须实施封闭管理。现场出入口应设门卫室，场地四周必须采用封闭围挡，围挡要坚固、整洁、美观，并沿场地四周连续设置。一般路段的围挡高度不得低于 1.8m，市区主要路段的围挡高度不得低于 2.5m。

（3）施工现场的场容管理应建立在施工平面图设计的合理安排和物料器具定位管理标准化的基础上，项目经理部应根据施工条件，按照施工总平面图、施工方案和施工进度计划的要求，进行所负责区域的施工平简图的规划、设计、布置、使用和管理。

（4）施工现场的主要机械设备、脚手架、密目式安全网与围挡、模具、施工临时道路、各种管线、施工材料制品堆场及仓库、土方及建筑垃圾堆放区、变配电间、消火栓，以及现场的办公、生产和临时设施等的布置，均应符合施工平面图的要求。

（5）施工现场的施工区域应与办公、生活区划分清晰，并应采取相应的隔离防护措施。施工现场的临时用房应选址合理，并应符合安全、消防要求和国家有关规定。在建工程内严禁住人。

（6）施工现场地应设置办公室、宿舍、食堂、厕所、淋浴间、开水房、文体活动室、密闭式垃圾站（或容器）及盥洗设施等临时设施，临时设施所用建筑材料应符合环保、消防要求。

（7）施工现场应设置畅通的排水沟渠系统，保持场地道路的干燥、坚实，泥浆和污水未经处理不得直接排放。施工场地应作硬化处理，有条件时，可对施工现场进行绿化布置。

（8）施工现场应建立现场防火制度和火灾应急响应机制，落实防火措施，配备防火器材。明火作业应严格执行动火审批手续和动火监护制度。高层建筑要设置专用的消防水源和消防立管，每层留设消防水源接口。

（9）施工现场应设宣传栏、报刊栏，悬挂安全标语和安全警示标志牌，加强安全文明施工宣传。

（10）施工现场应加强治安综合治理和社区服务工作，建立现场治安保卫制度，落实好治安防范措施，避免失盗事件等扰民事件的发生。

10.4 职业健康管理

10.4.1 职业健康管理的概念

工程项目职业健康管理就是应用现代管理的科学知识，概括项目职业健康的目标要求，进行控制、处理，以提高职业健康管理工作的水平。施工过程中，应用现代管理的科学方法改变不安全、不卫生的劳动环境和工作条件，在提高劳动生产率的同时，加强对工程项目的职业健康管理。安装工程施工中，多单位、多工种集中在一个场地，而且人员、作业位置流动性较大，因此，加强对施工现场各种要素的管理与控制，对保障职工职业健康非常重要。

10.4.2 安装工程施工主要职业危害种类

（1）粉尘危害。

（2）生产性毒物危害。

（3）噪声危害。

（4）振动危害。

（5）紫外线危害。

（6）环境条件危害。

10.4.3 安装工程施工易发的职业病类型

（1）电焊尘肺，如手工电弧焊、气焊作业。

（2）锰及其化合物中毒，如手工电弧焊作业。

（3）氮氧化合物中毒，如手工电弧焊、电渣焊、气割、气焊作业。

（4）一氧化碳中毒，如手工电弧焊、电渣焊、气割、气焊作业。

（5）苯中毒，如油漆作业。

（6）甲苯中毒，如油漆作业。

（7）二甲苯中毒，如油漆作业。

（8）中暑，如高温作业。

（9）电光性皮炎，如手工电弧焊、电渣焊、气割作业。

（10）电光性眼炎，如手工电弧焊、电渣焊、气割作业。

（11）噪声聋，如无齿锯切割作业。

（12）白血病，如油漆作业。

10.4.4　职业病的预防

1.　工作场所的职业卫生防护与管理要求

（1）危害因素的强度或者浓度应符合国家职业卫生标准。

（2）有与职业病危害防护相适应的设施。

（3）现场施工布局合理，符合有害与无害作业分开的原则。

（4）有配套的卫生保健设施。

（5）设备、工具、用具等设施符合保护劳动者生理、心理健康的要求。

（6）法律、法规和国务院卫生行政主管部门关于保护劳动者健康的其他要求。

2.　生产过程中的职业卫生防护与管理要求

（1）要建立健全职业病防治管理措施。

（2）要采取有效的职业病防护设施，为劳动者提供个人使用的职业病防护用具、用品。防护用具、用品必须符合防治职业病的要求，不符合要求的不得使用。

（3）应优先采用有利于防治职业病和保护劳动者健康的新技术、新工艺、新材料、新设备，不得使用国家明令禁止使用的可能产生职业病危害的设备或材料。

（4）应书面告知劳动者工作场所或工作岗位所产生成者可能产生的职业病危害因素、危害后果和应采取的职业病防护措施。

（5）应对劳动者进行上岗前的职业卫生培训和在岗期间的定期职业卫生培训。

（6）对从事接触职业病危害作业的劳动者，应当组织上岗前、在岗期间和离岗时的职业健康检查。

（7）不得安排未经上岗前职业健康检查的劳动者从事接触职业病危害的作业，不得安排有职业禁忌的劳动者从事其所禁忌的作业。

（8）不得安排未成年人从事接触职业病危害的作业，不得安排孕期、哺乳期的女职工从事对本人和胎儿、婴儿有危害的作业。

（9）用于预防和治理职业病危害、工作场所卫生检测、健康监护和职业卫生培训等的费用，按照国家有关规定，应在生产成本中据实列支，专款专用。

3.　劳动者享有的职业卫生保护权利

（1）有获得职业卫生教育、培训的权利。

（2）有获得职业健康检查、职业病诊疗、康复等职业病防治服务的权利。

（3）有了解工作场所产生或者可能产生的职业病危害因素、危害后果和应当采取的职业病防护措施的权利。

（4）有要求用人单位提供符合防治职业病要求的职业病防护设施和个人使用的职业病防护用具、用品，改善工作条件的权利。

（5）对违反职业病防治法律、法规，以及危及生命健康的行为有提出批评、检举和控告的权利。

（6）有拒绝违章指挥和强令进行没有职业病防护措施作业的权利。

（7）参与用人单位职业卫生工作的民主管理，对职业病防治工作有提出意见和建议的权利。

思　考　题

1. 简述安全教育和安全检查的主要内容。
2. 简述施工现场的安全管理基本要求。
3. 简述现场文明施工的基本要求。
4. 现场环境保护措施有哪些？
5. 安全事故的报告程序是怎样的？
6. 安全事故的处理程序是怎样的？
7. 简述安装工程施工主要职业危害的种类。

附录 机电安装工程施工组织实例

1 案例背景

1.1 工程概况

某大厦水电与暖通安装工程，建设地点位于××市××区，总建筑面积为 90000m²。该工程是一个集商场、办公、机动车停车库为一体的一类高层综合性建筑，建筑物总高度 139m，地上 35 层，地下 4 层，标准层层高 3.8m。地下 4 层至地下 1 层为车库及设备房，地上 1～5 层为商业区，6～20 层、22～35 层为办公区，21 层为避难层及设备房。

1. 给排水系统

该建筑给排水系统包括生活给水系统、生活排水系统、雨水排水系统、消火栓系统、自动喷水灭火系统等。

（1）给水系统：本建筑以市政自来水为建筑物的给水水源，采用地下水池—水泵—屋顶水箱供水。

（2）排水系统：本工程室内生活污、废水分流排放，室内+0.000m 以上污、废水重力自流排入室外污、废水管，地下室污废水采用潜水排污泵提升至室外废水管；污水经化粪池处理后，排入市政污水管；屋面雨水、空调冷凝水经立管收集后有组织地排入室外雨水管网。

2. 电气系统

（1）配电系统：该工程在地下一层分别设 1、2 号两处专用变配电室（商场和办公分别设置），从市政引来四路 10kV 电源，采用电缆穿管埋地引入，两路主供（100%）、两路备供（50%）。

（2）负荷情况及供电电源：该工程为一类高层建筑，其消防负荷、应急照明、安防系统、电子信息设备机房、消防控制室、值班室、客梯、排污泵、生活水泵和商场备用照明用电等均为一级负荷，商场自动扶梯、空调用电为二级负荷，其中商场经营管理用计算机系统用电为一级负荷中特别重要负荷，以上负荷均为两路电源供电，并且消防负荷在最末端设置双电源切换箱进行自动切换。其商场自动扶梯、空调、客梯，消防泵房的排污泵和生活泵为较重要的电力，要求由双电源供电。其余一般电力及照明为三级负荷。在地下一层设 10kV 电缆分界室，变配电室设在地下一层；低压系统动力配电，按功能及区域划分设备组，并以设备组为单位采用放射式供电，设备组内再以放射式或树干式向各用电设备供电。正常照明及应急照明均采用分区树干式配电；变配电室内电缆沿电缆桥架敷设，其他地方电缆均在桥架内敷设及局部穿管敷设。

（3）照明系统：其光源采用荧光灯或节能型光源，一般场所照明光源主要为荧光灯，部分为白炽灯。出口指示灯、疏散指示灯采用带蓄电池浮充交、直流两用型，持续供电时间大于 30min。楼梯间、走道照明开关采用带应急端的三线制声光控开关，火灾时由消防控制室强启点亮。

（4）防雷接地系统：该工程防雷等级为二类，需在屋顶设避雷带作防直击雷的接闪器。凡凸出屋面的所有金属构件均应与避雷带可靠焊接。利用建筑物柱内主筋作为引下线，间距不大于 18m。为防侧击雷沿建筑物四周设置均压环，从 45m 及以上的外墙上金属构件、门窗等较大金属物等应与防雷装置连接，竖向金属管道及金属物的顶端和底端与防雷接地装置连接。利用建筑物基础内钢筋作接地极。防雷接地与其他接地共用接地极，接地电阻不大于 1Ω。

　　3．通风空调系统

　　（1）空调系统冷源：该项目空调区域由商业及办公组成，根据空调负荷区域的特点将其分为商业及办公两个系统。商场夏季集中冷源为设于地下一层的两台离心式冷水机组，总冷负荷为 4092kW，供回水温度为 7/12℃，与其配合使用的冷冻水泵和冷却水泵各三台（两用一备），冷却塔一台设置于裙房屋顶；商场冬季热源为设于裙房屋顶的两台常压热水锅炉，总热负荷为 1710kW，供回水温度为 60/50℃，与其配合使用的热水泵三台（两用一备）。办公夏季集中冷源为设于地下一层的两台离心式冷水机组，总冷负荷为 3982kW，供回水温度为 7/12℃，与其配合使用的冷水泵和冷却水泵各三台（两用一备），冷却塔两台设置于裙房屋顶；办公冬季热源为设于裙房屋顶的两台真空热水锅炉，总热负荷为 2369kW，供回水温度为 60/50℃，与其配合使用的热水泵三台（两用一备），并在消控室、电梯机房、值班室等位置设置独立的分体空调共 7 台。

　　（2）空调水系统：商场空调水系统采用膨胀水箱定压，由膨胀水箱浮球液位计高低水位信号控制补水泵启停。补水采用软化水，全自动软化补水设备设在锅炉机房内。在避难层空调机房设置水-水热交换机组。办公低区空调水系统及高区热交换水系统采用定压罐定压，由气体定压补水脱气装置控制补水泵启停。补水采用软化水，全自动软化补水设备设在制冷机房及锅炉机房内。办公高区空调水系统采用膨胀水箱定压，由气体定压补水脱气装置控制补水泵启停。补水采用软化水，全自动软化补水设备设在避难层空调机房内。该工程空调水系统均为一次泵定流量末端变流量双管制系统。

　　（3）空调风系统：商场空调风系统采用吊顶式空调器的空调方式，新风接入吊顶式空调器回风侧。办公空调风系统采用风机盘管加新风换气机的空调方式。办公大厅采用吊顶式空调器的空调方式。

　　（4）空调计费系统：该工程办公部分空调计费系统采能量计费方式，计量到户；系统采用 BSH2000 综合计费系统，系统由 PC 机、转换器、区域管理器、信号中继器及 UHM 超声波冷热量计量表组成，并能够配合大楼 BA 系统。

　　（5）通风系统：地下车库采用机械排风兼排烟系统，排风和排烟共用管道和风机，设备机房和配电间均设置机械通风系统。商场空调风系统采用吊顶式空调器的空调方式，新风接入吊顶式空调器回风侧。办公空调风系统采用风机盘管加新风换气机的空调方式。办公大厅采用吊顶式空调器的空调方式。公共卫生间设置机械排风，每层设一台管道式排风机排至管井，通过屋顶变频排风机排放，每层排风管进立管前均加装止回阀，防止臭气倒回。

　　4．弱电工程系统

　　弱电工程系统由发包人指定分包商进行施工，由机电总包负责弱电工程系统的预留预埋及线槽安装。

　　5．电梯工程

　　电梯的设备采购和安装工程均由发包人指定分包商进行施工。机电总包配合电梯施工单位负责到各电梯间进行管线、配电盘的安装。

1.2　施工承包工程范围

1．给排水系统

（1）所有室内及屋面给排水管线、设备安装调试。

（2）不含卫生间内洁具及支管安装。

（3）不含消防水喷淋系统及消火栓灭火系统。

2．空调及通风系统

（1）所有管线及设备安装（含卫生间通风系统）。

（2）风管制作安装及系统安装调试。

（3）含锅炉烟道工程。

（4）不含消防通风及防排烟系统。

3．电气系统

（1）配电工程：从配电室低压柜侧至各层配电终端的管线、桥架安装调试。

（2）防雷、接地工程：含基础、侧击雷、防雷接地及设备接地系统。

（3）照明工程：含各层照明管线、插座开关、照明盘、桥架安装调试。

（4）弱电工程：预留预埋及线槽安装。

（5）电梯工程：到各电梯间管线、配电盘的安装调试。

2　机电安装工程施工组织设计的问题思考

根据上述工程概况、承包工程范围，编制施工组织设计。思考以下问题：

（1）如何确定施工方案和施工部署？

（2）根据前面所学知识，如何编制施工进度计划？

（3）机电各专业之间及各专业与土建专业如何配合？

3　某机电安装工程施工组织设计正文

第一章　综合说明

第一节　编制依据

（略）

第二节　工程概况

1．建筑概况

（略）

2．机电安装系统概况

某大厦机电安装工程是集暖通空调系统、给排水系统、电气系统、火灾自动报警系统、楼宇自动控制系统、综合布线系统及保安监控系统等多种弱电系统于一身的 5A 级智能化大厦，体现了现代建筑的技术先进性和当今大型公用建筑的时代气息。具体相关专业的概况略。

3．承包工程范围

（1）给排水系统：

1）所有室内及屋面给排水管线、设备安装调试。

2）不含卫生间内洁具及支管安装。

3）不含消防水喷淋系统及消火栓灭火系统。

（2）空调及通风系统：

1）所有管线及设备安装（含卫生间通风系统）。

2）风管制作安装及系统安装调试。

3）含锅炉烟道工程。

4）不含消防通风及防排烟系统。

（3）电气系统：

1）配电工程：从配电室低压柜侧至各层配电终端的管线、桥架安装调试。

2）防雷、接地工程：含基础、侧击雷、防雷接地及设备接地系统。

3）照明工程：含各层照明管线、插座开关、照明盘、桥架安装调试。

4）弱电工程：预留预埋及线槽安装。

5）电梯工程：到各电梯间管线、配电盘的安装调试。

第二章　施　工　部　署

第一节　机电工程总体目标

机电工程总体目标见表1。

表1　　　　　　　　　　　　　机 电 工 程 总 体 目 标

实施内容	目　　标
工期	从机电预留预埋施工开始到最终竣工交付使用，用时380日历天。保证地下垫层到±0.00m、地上1～5层、地上5R层、地上6～23层、地上23～35层、R层六个阶段工期目标承诺。对于总承包单位预定的总体工期和阶段工期均保证
质量	达到国家标准
安全	杜绝人身死亡事故，杜绝重大机械设备事故，杜绝重大火灾事故，安全事故为零
环境保护及文明施工	采取有效措施，减少施工噪声和环境污染，自觉保护场内公用设施；杜绝施工扰民现象，最大限度地减少对周边居民正常工作和生活的影响；最大限度地减少对环境的污染
服务	信守、密切配合、认真协调与各方关系，接受总承包、业主、监理的监督与管理，做好施工前服务、施工中服务及施工后服务

第二节　管理人员绩效及组织

1. 项目组织机构

根据该工程的特点，选派具有注册一级建造师资质并具有丰富工程管理经验的人员担任项目经理，项目主要管理技术人员也选派具有扎实理论知识和多年实际经验的工程技术人员承担。建立质量保证体系及安全保证体系，靠一流的策划与运作、一流的管理与协调、一流的技术与工艺、一流的设备与材料、一流的承包商与劳动力素质等来实现一流的管理和控制，从而达到过程精品，确保该工程顺利通过国家标准验收。

2. 机电承包管理架构

该工程机电分包代总承包商进行机电总承包管理，组建机电安装工程项目经理部，项目经理部领导层设项目经理、项目生产经理、项目总工程师等。管理部门设商务部、深化设计部、工程部、物资部、质量/安全管理部等，见表2。

表 2 项目管理机构配备情况

部门或人员名称	管理岗位	配备人数（人）	备注
项目决策层	项目经理	1	注册一级建造师
	项目生产经理	1	
	项目总工程师	1	高级工程师
工程部	责任工程师	6	
深化设计部	设计工程师	2	
物资部	物资工程师	1	
商务部	商务经理	1	
质量/安全管理部	质量/安全工程师	1	
合 计		14	

3．项目经理部主要成员职责

（略）

4．项目组织机构配备情况表

（略）

第三节 工程重点、难点分析与对策

作为一个高智能化的高层综合大厦，该工程机电专业包含建筑给排水工程、通风与空调工程、建筑电气工程、电梯等各个机电分部工程，包含的子系统有建筑给水、排水、雨水、消火栓给水、自动喷淋、风机盘管系统、新风系统、排风系统、加压送风系统、排烟系统、冷冻水系统、冷却水系统、变配电系统、动力配电系统、照明系统、防雷接地系统、楼宇自控系统、火灾自动报警系统、保安监控系统等多种。该建筑的功能性、舒适性、安全性、智能化程度要求高，而部分机电设备系统的专业性强，将直接导致专业分包多、协调量及协调难度大。

通过对图纸及工程周边环境的了解，并结合大型综合办公商业楼工程施工经验，针对该工程施工难度大等特点，特制定如下对策。

1．合理组织施工确保工期

该工程相对工程规模来说，施工工期紧迫。为保证工期，拟采取如下对策：

（1）选派有经验的技术人员组成精干的管理机构，在施工准备阶段的深化设计中，优化设备的空间布置及各系统的安装顺序，绘制深化设计图纸，从而保证在管道安装阶段及设备安装阶段的施工需要，避免不必要的返工，从而提高功效和施工质量。

（2）组织足够的优秀施工班组进行施工，施工作业人员要求有长期施工的经验和优质工程的施工经验。

（3）与总承包商和业主协商提前进场，进行技术、组织、资源准备，提前进行风管、水管及支架的预制加工等工作。

（4）提前编制总体材料计划和材料分批次进场计划，从而在机电系统大面积施工展开后，有充足的材料保证。

（5）合理安排工序，在尽量避免交叉作业的前提下，保证施工时间和空间上紧凑分布。

（6）针对各区段工期的要求，制订总体施工进度计划和各区段详细的施工计划，明确各阶段工期目标，实行目标跟踪管理，确保各部分按时完成。

（7）针对工程机电系统多、各专业之间相互衔接程度高的特点，在施工前将做好各机电系统、机电系统与土建专业、机电系统与精装修专业、机电系统与市政管网的深化设计工作，施工过程中避免各专业相互影响、相互制约及返工等现象，确保各机电工程施工的顺利进行。

（8）对业主自行采购的机电设备，配合业主做好招投标及设备选型工作。根据工期要求，提前向业主提供各设备的技术参数和技术支持，以及加工定货时间、进场安装时间，确保设备能按时进行安装，以保证工期。

2．施工场地材料、设备运输管理措施

该工程位于市中心，现场用地狭小，机电专业中的管道安装施工阶段及风道的加工、焊接，施工原材料、加工机械设备的摆放，加工成品、半成品的存放，都需要较宽敞的场地空间。施工前，充分考虑场地特点，针对不同的施工阶段分别进行合理布置。部分施工临设和加工场及工人生活区等将在场外租地，彻底缓解现场场地不足的压力。

另外，根据每天的工作量制订设备、材料等进场计划，使进场材料能及时转移到施工层，减少场内材料、设备的积压。堆放在场内的材料要遵循先用后进的原则，使先用的材料堆放在最上层。

3．确保地下室大型机电设备运输及吊装就位的顺利进行

由于该工程拥有大量的制冷机组、水泵、锅炉、换热器等大型机电设备，因此大型机电设备吊装是工程的管理重点。由于地理位置的限制，该工程施工现场的出入口设置及材料车辆进出受限制，因此施工阶段的交通组织及大型设备的运输及就位是一个需要考虑的重点。为了保证各种设备能按照进度计划要求运至施工现场，实际中专门对工地周边的交通环境进行实地考察，同时进行起重机选用的相关计算，制定完善的吊装方案，以保证对其安全就位安装。

（1）该工程机电大型设备分布：

1）位于地下 1 层的制冷机组、冷却泵和地上 6 层的锅炉设备等。

2）位于各层的空调机组、新风机组和全热换热机组。

3）位于裙房顶及屋顶的冷却塔。

（2）主要对策：

1）预留吊装孔及吊钩：首先在了解设备的准确尺寸、外形及质量后，配合土建在结构施工时预留设备吊装孔洞和起重吊钩。

2）优化大型设备的进场路线：和设备厂家密切联系，了解设备的具体外形、包装尺寸及质量，并通过实地考察计划路线，避免经过上空有高度限制及地面有载重限制的路段，力求在设备进场时一次性顺利到达施工现场预定地点。

3）精心组织每次的进场及卸车：每次设备进场时，充分考虑临时存放场地的防护条件、空间条件及二次搬运是否方便。

4）在设备吊装前，根据有关图纸，现场实际勘察和设备供应商提供的样本及设备尺寸、质量、重心位置编制科学的吊装方案。依据吊装高度、设备质量等对吊装重量、索具选择和

布置、卷扬机牵引力、锚固受力点等进行吊装工艺计算。组织有经验的起重工有步骤地实施吊装作业。

5）根据设备供货日期、吊装计划等编制设备进场计划，确定吊装日期时应充分关注气象情况，掌握吊装现场的风力、风向和能见度，组织有经验的起重工有步骤地实施吊装作业，确保设备吊装在良好的条件下进行。吊装区域设置警戒线，每天吊装结束后对吊装现场进行巡查，消除不安全因素。

4．强化深化设计

为确保机电安装工程满足设计及使用要求，确保机电安装工程与其他机电系统间的相互衔接及配合，确保机电工程的管线及设备在平面及吊顶内合理排布，施工前必须对图纸进行专业间综合而全面的深化设计，作出具有高操作性的施工图。拟采取的施工对策如下：

（1）成立优秀的项目管理机构，配备高级职称专业技术人员，制订详细的深化设计计划，配合设计院对机电安装工程的各个专业进行综合二次深化设计。

（2）涵盖各专业系统的机电综合总图能清楚反映所有机电安装的标高、宽度定位及有关与结构和装饰的准确关系，包括详细的平面、立面和剖面图。总体效果既能满足设计要求与验收规范，又能考虑交叉施工的合理性及维修方便，尽可能减少返工现象的发生。

（3）设备机房深化设计图；以方便检修、美观合理的原则确定各种管线及阀门的空间位置，出图后用来指导现场施工。

（4）对设备机房及管线比较密集的吊顶内绘制详细的三维空间效果图，力求表现各种管线及设备的空间布置，以及各种施工工序的先后顺序，从而达到节约空间、杜绝返工、提高施工质量、缩短工期的目的。

（5）对于设计院的一些示意性的图纸，在与相关设计人员沟通的情况下，作出符合设计意图的深化图。

（6）对设备参数，包括噪声、温升、风速等进行计算和复核，确保满足使用要求。

5．做好机电协调管理

针对该工程机电分包多的特点，拟采取的施工对策为：

（1）设置专职机电协调工程师，由项目副经理负责现场进度计划、现场平面、质量、各专业间的工序协调统一管理。编制《项目机电协调管理手册》，作为项目协调管理工作的指导性文件。

（2）协助总承包单位做好对专业分包工程深化设计管理，空间位置交叉冲突处绘制综合管线图，合理确定施工走向及施工先后顺序。配合做好专业接口预留，系统、专业间的接口及联动要求等，保证各专业协调一致，保证工序搭接合理、施工畅通。

（3）合理安排施工流程，协助总包做好各专业分包单位作业面重叠及工序交叉，保证各专业分包单位施工的正常进行。同时协助总包做好对各专业分包单位的现场协调管理，确保工程施工的正常进行。

（4）施工过程中要做好成品保护工作，防止专业间相互破坏成品或污染已经施工完成的产品。

第三章　机电工程进度计划与保证措施

第一节　机电工程进度计划

1. 概述

根据同类工程的施工经验及某大厦机电安装工程的实际情况，拟定了一份施工进度计划。该计划总工期 380 日历天，即自 2013 年 1 月开始，2014 年 1 月机电施工全部完成。该总工期内容指从机电工程施工到最后整体工程竣工交付使用的全部机电安装工作内容。

在进度计划的编制过程中，对一些施工条件进行了部分假设。在实际施工中如情况变化较大，还将根据实际情况对进度计划进行调整，以尽量满足业主要求。

具体进度计划编排详见安装工程施工进度计划（图 1）。

2. 分阶段进度目标

该工程施工总进度控制计划为总的施工进度控制大纲，其中考虑了部分不可预见影响工期的因素，主要控制各阶段施工完成日期。分阶段进度计划比总进度控制计划紧凑，施工时首先按照分阶段进度计划控制施工，并注意不得超过总进度控制计划的完成日期。在该工程按时开工的前提下，阶段控制工期目标见表 3。

表 3　　　　　　　　　　　　　阶段控制工期目标

序号	施　工　阶　段	控制完成日期
1	地下室机电工程安装	2013 年 6 月 15 日
2	地上 1～5 层机电工程安装	2013 年 7 月 15 日
3	地上 5R 层机电工程安装	2013 年 8 月 15 日
4	塔楼机电工程安装	2013 年 11 月 30 日
5	机电工程调试	2013 年 12 月 30 日
6	变配电工程正式送电	2013 年 8 月 30 日
7	调试和验收全部完成	2014 年 1 月 15 日
8	清洁交屋	2014 年 1 月 31 日

3. 进度计划的主要控制节点（见表 4）

表 4　　　　　　　　　　　　　进度计划主要控制节点

序号	施　工　阶　段	节　点　日　期
1	地下室机电安装开始	2013 年 1 月 1 日
2	10 层以下机电主干管安装完成	2013 年 7 月 20 日
3	全部设备订货完成	2013 年 5 月 15 日
4	最后一批大型设备到场	2013 年 6 月 30 日
5	机电安装完成	2013 年 11 月 30 日
6	调试和验收完成	2014 年 1 月 15 日

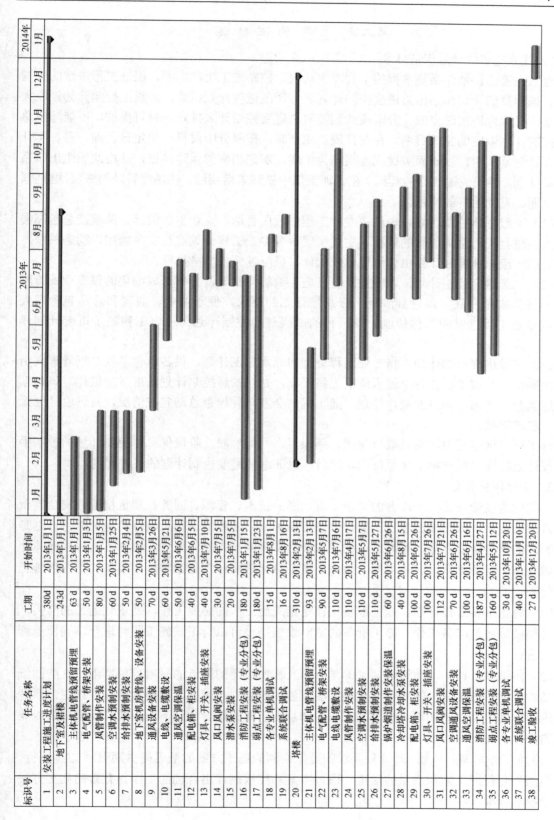

标识号	任务名称	工期	开始时间
1	安装工程施工进度计划	380d	2013年1月1日
2	地下室裙楼	243d	2013年1月1日
3	主体机电管线预留预埋	63 d	2013年1月1日
4	电气配管、桥架安装	50 d	2013年1月3日
5	风管制作安装	80 d	2013年1月5日
6	空调水预制安装	60 d	2013年1月25日
7	给排水预制安装	50 d	2013年2月4日
8	地下室机房管线、设备安装	50 d	2013年2月5日
9	通风空调设备安装	70 d	2013年3月26日
10	电线、电缆敷设	60 d	2013年5月21日
11	通风空调保温	50 d	2013年6月6日
12	配电箱、柜安装	40 d	2013年6月5日
13	灯具、开关、插座安装	40 d	2013年7月10日
14	风口风阀安装	30 d	2013年7月5日
15	潜水泵安装	20 d	2013年7月5日
16	消防工程安装（专业分包）	180 d	2013年1月15日
17	弱点工程安装（专业分包）	180 d	2013年1月23日
18	各专业单机调试	15 d	2013年8月1日
19	系统联合调试	16 d	2013年8月16日
20	塔楼	310 d	2013年2月13日
21	主体机电管线预留预埋	93 d	2013年2月13日
22	电气配管、桥架安装	90 d	2013年5月7日
23	电线电缆敷设	110 d	2013年7月6日
24	风管制作安装	110 d	2013年4月17日
25	空调水预制安装	110 d	2013年5月7日
26	给排水预制安装	110 d	2013年5月27日
27	锅炉烟道制作安装保温	60 d	2013年6月26日
28	冷却塔冷却水泵安装	40 d	2013年8月15日
29	配电箱、柜安装	100 d	2013年6月26日
30	灯具、开关、插座安装	100 d	2013年7月26日
31	风口风阀安装	112 d	2013年7月21日
32	空调通风设备安装	70 d	2013年6月26日
33	通风空调保温	100 d	2013年6月16日
34	消防工程安装（专业分包）	187 d	2013年4月27日
35	弱点工程安装（专业分包）	160 d	2013年5月12日
36	各专业单机调试	30 d	2013年10月20日
37	系统联合调试	40 d	2013年11月10日
38	竣工验收	27 d	2013年12月20日

图 1 安装工程施工进度计划

第二节　工 期 保 证 措 施

1．建立完善的计划保证体系

建立完善的计划体系是掌握施工管理主动权、控制施工生产局面、保证工程进度的关键一环。该项目的计划体系由总进度控制计划和分阶段进度计划组成，总进度控制计划控制大的框架，必须保证按时完成，分阶段计划按照总进度控制计划排定，只可提前，不能超出总进度控制计划限定的完成日期。在安排施工生产时，按照分阶段目标制定日、周、月、年计划。在计划落实中，以确保关键线路实施为主线，制定相应的保障措施，并由此派生出一系列保障计划，确保关键线路的实施。在各项工作中做到未雨绸缪，使进度管理形成层次分明、深入全面、贯彻始终的特色。

（1）一级总体控制计划。表述各专业工程的阶段目标，是业主、设计、监理及总包高层管理人员进行工程总体部署的依据，主要实现对各专业工程计划进行实时监控、动态关联。该项目的一级总体控制计划由总承包单位制订，机电各分包严格执行。

（2）二级进度控制计划。以专业及阶段施工目标为指导，分解形成细化的该专业或阶段施工的具体实施步骤，以达到满足一级总控计划的要求，便于业主、监理和总承包管理人员对该专业工程进度的总体控制。该项目的二级进度控制计划为机电工程施工进度计划详见图1。

（3）三级进度控制计划。指专业工程进行的流水施工计划，供各承包单位基层管理人员具体控制每一分项工程在各个流水段的工序工期，是对二级控制计划的进一步细化。该计划以表述当月、当周、当日的操作计划，随工程例会发布并检查总结完成情况，月进度计划报业主、监理审批。

该工程实施过程中，将采取日保周、周保月、月保阶段、阶段保总体控制计划的控制手段，使计划阶段目标分解细化至每周、每日，保证总体进度控制计划的按时实现。

2．制订派生计划

工程的进度管理是一个综合的系统工程，涵盖技术、资源、商务、质量检验、安全检查等多方面的因素，因此根据总控工期、阶段工期和分项工程的工程量制订的各种派生计划是进度管理的重要组成部分，按照最迟完成或最迟准备的插入时间原则，制订各类派生保障计划，做到施工有条不紊、有章可循。为保证施工总体进度计划能够实施，编制如下各项施工保障计划：

（1）施工准备工作计划。施工准备工作是正式施工前的必要工作，是正式施工的前提，因此必须做好施工准备工作。施工准备的临时设施搭设可以与正式施工同时进行，确保工程的顺利进行。

（2）图纸发放计划。此计划要求的是分项工程所必需的图纸的最迟提供期限，这些图纸包括结构、建筑施工图，安装各专业施工图，施工安装节点详图，安装预留预埋详图，系统综合图等。其中，详图和综合图等是在业主和总承包商的综合协调下，由设计院或指定专业分包商深化完成。

（3）施工方案编制计划。此计划要求的是拟编制的施工方案的最迟提供期限。"方案先行、样板引路"是保证工期和质量的法宝，通过方案和样板制订出合理的工序、有效的施工方法和质量控制标准。

（4）业主指定分包计划。在工程施工中，如业主希望将某些专业性较强的工程进行分包，则需要提前编制分包工程的工作计划，如弱电、消防、电梯等。该计划主要包括各专业分包商选定的时间、深化设计及施工准备的时间、进场施工的时间。尽早确定专业分包商是保证工程正常运行的关键。

（5）验收计划。分部工程验收是保证下一分部工程尽快插入的关键。该工程由于工期紧张，分部分项验收必须及时，结构验收必须分段进行。此项验收计划需要业主和总承包协调政府主管部门积极配合验收。同时工程竣工验收必须在各单项验收后进行，因此在工程施工完毕后应及时联系相关验收单位，尽快组织单项验收，为工程最终的竣工验收作准备。该工程各单项验收计划见表5。

表5　　　　　　　　　　　　工程单项验收计划

序号	验收项目	计划验收时间	备注
1	机电联动调试	2013 年 11 月 10 日	
2	高压配电验收	2013 年 11 月 20 日	
3	电梯验收	2013 年 11 月 5 日	
4	消防验收	2013 年 11 月 30 日	
5	竣工验收	2013 年 12 月 20 日	

（6）时效性措施保障。在现场的任何时段，只要具备施工条件，就立即安排人员开始施工，和时间赛跑，从施工的及时性上来保障施工进度计划的完成。

（7）技术工艺的保障。针对性的施工组织设计、施工方案和技术交底。该工程将按照方案编制计划，制定详细的、有针对性和可操作性的施工方案，从而实现在管理层和操作层对施工工艺、质量标准的熟悉和掌握，使工程施工有条不紊地按期保质完成。施工方案覆盖面要全面，内容要详细，配以图表，图文并茂，做到生动、形象，调动操作层学习施工方案的积极性。

合理安排施工工序，控制关键工序。由于工期较紧，在装修施工阶段，安装及土建交叉作业多，施工工序繁杂，拟将以施工进度计划为先导，以先进的组织管理及成熟的施工经验为保障，通过预见及消除影响因素，控制关键工序及合理调配施工资源等措施组织施工生产。

（8）人力资源配置。为保证工程进度计划目标及管理生产目标，充分配备项目管理人员及足够的高素质劳动队伍，做到岗位设置齐全以形成严格完整的管理及施工层次。劳务队伍从公司劳务基地和合格劳务分包商中选择，均选择有长期合作经历、有丰富创优工程经验、善打硬仗和苦仗的队伍。

（9）物资采购资源配置。为保证施工生产的正常进行，公司将根据施工总进度需要提出材料采购、加工及进场计划，通过加强物资计划管理，消除物资对施工进度的潜在影响，以形成对施工总进度计划实现的有力保障。

（10）办公设备资源配置。项目部配置足够数量的办公硬件设备，如计算机、打印机、复印机、传真机、照相机等，并配备相应的办公软件系统（Office、Project、AutoCAD 等），并在项目部建立完善的局域网络，实现资源的实时沟通和共享，通过这些优良的办公条件来协助和提高施工的管理水平。

（11）机电总承包管理的保障。公司立足于代理机电总承包的地位，发挥综合协调管理的优势。以合约为控制手段，以总控计划为准绳，调动各业主指定分包商的积极性，发挥综合协调管理的优势，确保各项目标的实现。

（12）加强对设计的配合工作。公司密切配合一切设计工作，并提供合理化建议，共同保障施工进度。在项目部设置深化设计部，解决施工图深化设计问题，特别是保证机电施工图深化设计问题，保证按时出各机电专业施工图，图纸送审顺序按照结构的施工进度计划排列。出图时间需确保以下两个目的：①必须满足结构内机电预留预埋的施工；②必须满足设备的订货，以保证设备能按时进场。

（13）加强业主、监理、设计方的合作与协调。通过与现场业主、监理以及专业分包商之间建立的协调合作环境，加强现场内部施工各方的配合与协调，使现场发生的技术问题、洽商变更、质量问题及施工报验等能够及时、快捷地解决。

（14）进度计划偏移后的修正方法：

1）用月计划进行调整，使落后的施工工序得到调整。

2）周计划修正，使工序的协调和人员的调配更加合理。

3）培训员工，提高合作意识，提高劳动效率。

4）调整工序，减少交叉作业。

5）召开专题讨论会，解决专项问题，提高功效。

6）必要时增加劳动力，保障现场的施工按照进度计划完成。

第四章　施工准备与资源配置计划

第一节　施　工　准　备

1．物资准备

（略）

2．组织准备

（略）

3．技术资料准备

（略）

4．机电深化设计

（1）机电深化设计管理重点：

1）系统功能及参数的复核。进行深化设计前，必须对设计要求的各系统功能及设备各项参数有充分的理解，掌握当前各系统的适用规范或行业标准，同时了解相关行业类似产品的情况及行业发展动态。在明确这些特殊专业的需求后，详细核算水、电、空调等配套系统的各项参数，配合设备材料选型，使工程设计先进、合理。

2）各专业间的协调。设于施工现场的技术设计部将制订完善、可行的出图计划，并监督各机电分包商按计划实施。制定统一的出图细则和出图标准，并审核各机电分包商提交的初步设计图。深化设计部将履行该工程深化设计管理者和总协调人的责任和义务，及时与机电各系统、装饰及其他分包商相关机构沟通各项设计信息，探讨与解决设计中出现的问题，紧密合作、相互协调。

3）深化设计与其他相关方的配合。深化设计部对外与业主、设计单位、监理单位、总承包等相关单位保持密切联系，随时咨询并听取相关专家的意见和建议，对内与现场生产、项目物资采购等部门相互沟通。业主要求的设计变更、现场施工及设备材料采购中遇到的问题，及时反馈到深化设计部，由深化设计部根据实际情况深化设计或重新设计，并同时通知机电系统设计人员进行相应调整。

（2）机电深化设计的实施原则。机电各系统深化设计过程中应与土建、装饰及其他专业工程紧密配合、相互协调，应遵循以下协调原则：

1）机电系统内部管线发生冲突时的避让原则是：有压管让无压管，小管线让大管线，施工简单的避让施工难度大的；综合协调过程中还应根据实际情况综合布置。

2）深化设计在每个区域最终出图时，机电管线剖面图、平面图所表现的管线位置、规格、标高应保持一致。综合协调过程中，剖面图作调整时，平面图也作相应调整。

3）深化设计在进行管线定位时，应充分考虑水管壁厚，空调水管、空调风管保温层的厚度，支吊架占用的空间，各专业之间的间距及距离墙壁、梁的最小距离（不同专业管线间距离必须满足设计及施工规范要求）。管线布置时考虑无压管道的坡度，考虑设备管线的操作空间及检修空间，考虑到吊顶上各种器具安装的空间，如灯具、风口、喷淋头等。

4）应对建筑结构有清楚的了解，注意建筑标高及结构标高间的差别，以及不同区域标高的差别，结构梁的厚度、柱子大小、梁大小、是否有斜支撑等。应了解装饰的具体做法，了解吊顶标高、墙面做法等相关内容。

5）深化设计图纸时，各个部位的机电管线的高度应满足但不限于设计、业主规定的标高。通过优化设计，使管线排布尽量紧凑，为业主最大限度地提升标高，创造经济效益。

6）深化设计人员在绘制图纸的过程中经常与现场工程师沟通，如管道间距、管线排布的位置，集思广益，以保证图纸内容易于施工。

7）经过审批的深化设计图纸及时发放到现场工程部，由现场管理实施，遇到问题时及时反馈到深化设计人员，由深化设计人员根据现场情况重新进行调整。

8）深化设计人员对现场施工班组长或具体实施人员讲解图纸中管线密集区域和管线复杂的地方，图纸施工中应注意的细节，如注意图纸中标高是建筑标高还是结构标高。

9）深化设计前，物资采购部应提供设备型号参数，由深化设计人员参照此型号与参数进行深化设计，若所提供型号与参数无法满足设计要求及施工条件，应及时通知业主、设计单位，并根据调整后的型号、参数重新进行深化设计。

第二节　劳动力资源配置计划

1. 劳动力组织

在机电专业预留、预埋阶段，虽然工作量小，但根据专业划分，需要配合土建专业结构施工的应涉及工作面宽，所以将协调各机电专业施工单位提前进入现场，选择经验丰富的技术工人和工程师，做好前期的机电专业预埋工作。在机电工程全面施工期间，工作量大，作业面相对集中，所以，机电专业施工人员将大批量增加，以保证机电专业的施工进度计划能得以贯彻实施。

2. 劳动力资源供应保证措施

根据工程内容，由人力资源及项目管理部门拟出一份合格劳务施工队名单，选择其中合作过多年的劳务队 3～5 家，通过综合比较，挑选技术过硬、操作熟练、体力充沛、实力强善打硬仗的施工队伍；分析施工过程中的用人高峰和详细的劳动力需求计划，拟订日程表，劳动力的进场应相应比计划提前，预留进场培训，技术交底时间；精装修阶段由于专业分包较多，在开工前列出详细的人员计划表，只有各工种施工人员都到位的情况下，才可以大面积开工；由于现场用地狭小，将在附近租用空地或部分建筑物，以解决工人的住宿问题。

3．劳动力需求计划（见表 6）

表 6　　　　　　　　　　　　劳 动 力 安 排 计 划 表　　　　　　　　　　　人

日期 工种	2013 年												2014 年
	1 月	2 月	3 月	4 月	5 月	6 月	7 月	8 月	9 月	10 月	11 月	12 月	1 月
电工	15	18	18	18	20	20	20	25	25	40	40	25	15
管工	2	2	2	2	6	8	8	18	22	25	30	15	8
通风工	1	1	1	1	8	10	12	15	20	35	20	12	5
焊工	3	3	3	3	5	5	8	7	15	15	10	8	3
其他安装用工	2	2	3	3	7	8	16	15	25	16	15	13	2
总计	23	26	27	27	46	51	64	80	107	131	115	73	33

第三节　主要施工机械设备表及主要施工机械进场计划

主要施工机械设备表及进场时间见表 7。

表 7　　　　　　　　　　主要施工机械设备表及进场时间

序号	设备或仪器名称	功率	型号、规格	数量	自有或租赁	进场时间
1	交流电焊机	9.6kW	300-500 型	10	自有	2013 年 1 月
2	直流电焊机	11.5kW	ZX5-1000 型	3	自有	2013 年 1 月
3	套丝机	750W	0.5～4in	4	自有	2013 年 1 月
4	卷扬机	3kW	JM-1T	2	自有	2013 年 5 月
5	砂轮切割机	3kW	400 型	7	自有	2013 年 1 月
6	液压车		CBYG-3	2	自有	2013 年 6 月
7	台钻	550W	$\phi3$-$\phi19$	3	自有	2013 年 1 月
8	角向磨光机	670W	GWS8-100mm	10	自有	2013 年 2 月
9	冲击钻	520W	GSB20-2RE14mm	15	自有	2013 年 2 月
10	电锤	620W	GBH2SE24mm	8	自有	2013 年 1 月
11	电动试压泵	2.2kW	DSB-150/10	2	自有	2013 年 8 月
12	空气压缩机	1.5kW	ZB-0118	1	自有	2013 年 5 月
13	直线切割机	3kW	16 型	1	自有	2013 年 6 月
14	通风半自动加工设备			1	自有	2013 年 5 月
15	剪板机	5.5kW	4×2000 型	1	自有	2013 年 5 月
16	单平咬口机	3kW	YZD-12B	1	自有	2013 年 5 月

续表

序号	设备或仪器名称	功率	型号、规格	数量	自有或租赁	进场时间
17	联合角咬口机	3kW	YZL-12C	2	自有	2013年5月
18	折方机		WS-12	1	自有	2013年5月
19	电动液压铆接机	1.1kW	MY-5A	1	自有	2013年6月
20	液压弯管机	750W	DWG-3B	2	自有	2013年6月
21	热熔焊机			1	自有	2013年7月
22	坡口机	2kW	4~8in	1	自有	2013年7月
23	专用沟槽机			2	自有	2013年5月
24	圆弯头咬口机		YWY-12	1	自有	2013年5月
25	角钢卷圆机	2.2kW	JY-75	1	自有	2013年6月
26	绝缘电阻表		50×1000V	3	自有	2013年8月
27	钳形电流表		DT6100	6	自有	2013年9月

第五章 机电工程专业施工方案

（略）

第六章 施工现场平面布置

要保证工程能安全、优质、高速地完成，合理、严密地进行总平面布置和科学地进行总平面的管理是十分重要的。

第一节 施工现场平面布置原则

（略）

第二节 机电施工平面配置要求

考虑到该工程的现场情况和文明施工、环保要求，经过现场考察，准备租用生活区、主要库房和主要加工区。现场只设办公用房、临时设备、材料堆放场地及小型库房和加工场地（存放机具和零星材料，进行零星加工），办公用房由总承包商统一建成后进行分配，临时材料堆放场地及小型库房进场后根据总承包的平面布置图合理安排，根据工程实际需要提出以下场地要求（见表8），进场后将根据情况进行调整。

表8　　　　　　　　　　工 程 施 工 场 地 要 求

场 地 名 称	数 量（间）	总面积（m²）
办公室	8	120
临时材料、设备堆场	1	420
库房	2	280
机电专业分包预留场地	2	500

第七章　机电工程质量计划与保证措施

第一节　质　量　保　证　体　系

（略）

第二节　质　量　控　制　保　证　计　划

（略）

第三节　质　量　保　证　措　施

1．质量保证原则

（略）

2．组织保证措施

（略）

3．制度保证措施

（1）工程项目质量承包负责制度。（略）

（2）技术交底制度。（略）

（3）材料进场检验制度。（略）

（4）样板制。（略）

（5）工序施工作业卡制度。（略）

（6）过程"三检"制度。（略）

（7）施工资料定期检查制度。（略）

4．合理流程保证措施

在工程中推行合理的管理流程是质量工作的重点，对于质量管理的事前计划、事中控制及事后反馈都能够起到有效控制的作用，计划在该工程中推行以下质量管理流程：

（1）设备材料及其配件进场检验流程。（略）

（2）机电安装工程中的过程检验流程。（略）

（3）机电系统单项验收流程。（略）

（4）机电工程最终验收流程。（略）

5．采购物资质量保证措施

（略）

6．成品保护措施

在施工过程中，有些分部（分项）工程已经完成，其他工程尚在施工，或者某些部位已经完成，其他部位正在施工，如果对于已完成的成品不采取妥善的措施加以保护，就会造成损伤，影响质量。因此，搞好成品保护是确保工程质量的重要环节。尤其机电产品中许多是属于精密仪表及设备，对周围的环境要求较高，因此对于无论是已经安装完成的，还是保存在现场的尚未安装的机电产品，必须采取必要的保护措施，以达到防尘、防蚀、防振、防锈等目的，从而保证机电设备的完好性，保证机电系统功能的实现。

（1）该工程成品保护的主要工作内容。（略）

（2）该工程成品保护的管理职责。（略）

（3）成品保护措施。（略）

第八章 文明施工与安全生产组织措施

第一节 文明施工组织措施

1．工地文明施工检查制度

（略）

2．文明施工注意事项

（略）

3．工程环境保护注意事项

（略）

第二节 安全生产组织措施

1．主要安全管理制度

（略）

2．施工现场高空作业安全措施

（略）

3．施工现场临电安全措施

（略）

4．易燃、有毒、化学品使用安全措施

（略）

5．其他机电安装安全保证措施

（略）

6．针对该工程的主要安全防护注意事项（见表9）

表9 工程主要安全防护注意事项

主要事项	事故原因及工程特点	防范措施
机械事故	该工程施工机械设备多	对机械设备派专人维护，检修。对操作人员培训、考核，持证上岗
火灾事故	该工程焊接工作量大，施工电动工具多，施工用电量大	严格执行用火审批制度。配备消防器材，并指导员工执行统一的施工用电制度
高空事故	该工程楼层高，管道施工随主体结构同步，预留孔数量多，设备吊装工作量大（冷水机组、锅炉等）	加强高空作业安全教育，严格执行高空作业制度，操作前对竖井、孔围护进行检查
水灾事故	管道系统多，试压工作量大，工期短	合理制订管道通水、试压计划，实行事前检查签字制度，做好应急预案，加强与相关单位的协调

第九章 机电施工保证措施

第一节 雨季施工措施

根据施工地的气候特点，雨期施工时间为每年的3月中旬至6月中旬。根据工程总体进度计划安排，主要采取如下措施。

1．雨季施工准备

（略）

2．雨季施工主要措施

（略）

第二节　春节施工措施

该工程拟定施工时间内将经历春节这个特殊时段，在该特殊时段内将采取以下措施：

（1）施工现场管理人员坚守工作岗位，根据实际情况轮流安排管理人员调休，并在此之前做好工作交接，确保工作的连续性。

（2）提前做好施工现场施工工人的工作，确保工人在春节期间安安心心上班，做好后勤保障工作。

（3）安全部加强现场检查与巡视，落实预防措施，杜绝事故隐患。

（4）材料部门提前制订材料进场计划，做好备料工作。

（5）节假日期间现场监理工程师可能会放假休息，项目部提前与监理工程师预约，使得现场有监理工程师值班，以确保隐蔽工程或中间验收工作的连续性。

（6）特殊时段施工时特别加强现场文明施工管理、消防管理、防噪声、防尘处理措施，保持良好的现场形象，维持现场及周围的市容环境整洁。

第三节　各管道交叉作业施工措施

该工程功能齐全，管线交叉多。首先将各专业机电图进行套图，然后根据管道施工避让原则（有压管道避让无压管道，小管道避让大管道）绘制管井、吊顶及机房内的大型管道及设备的支、吊架大样图，并按设计规范要求画出吊顶、机房内的多层水、电、风管道综合支架，标明支吊架的具体型式、尺寸及标高，经业主及设计院、监理、机电工程师等会签后，根据综合布置图进行样板施工。样板施工过程中遵循管道施工先里后外，先主管后支管的原则。样板施工完后，请设计院、监理、机电工程师到样板层进行点评，提出合理建议。然后再对样板进行调整，直到样板满意为止。根据样板对工人进行实施交底，使他们领会施工中的要点。在样板推广过程中，必须坚持放线制、三检制，重点部位实行标签制。

第四节　工序的协调措施

由于该工程功能繁多，涉及机电专业齐全，地处大都市闹市区，且业主指定的机电安装工程分包多，因此施工协调与配合显得尤为重要。与其他专业配合的工程包括土建工程、消防专业工程、弱电智能化专业工程、电梯安装工程、精装修工程、室外照明等。为此，实际中拟派富有施工经验的、专业的项目副经理负责施工协调事宜。

施工中，与总承包密切配合，给各专业分包商创造有利条件；合理配合各分包商的施工流水节拍，并通过总承包定期召开的协调会，解决机电安装专业与各专业分包之间在施工过程中所出现的技术、进度、质量等问题，以使整个工程能顺利施工，达到相应的各种指标。特制定如下措施：

（1）施工作业前应熟悉图纸，制订多工种交叉施工作业计划，既要保证工程进度，又要保证交叉施工不产生相互干扰，防止盲目赶工期造成互相损坏、反复污染等现象的产生。

（2）制定正确的施工顺序。制定重要房间（或部位）的施工工序流程，将土建、水、电、消防等各专业工序相互协调，排出一个房间（或部位）的工序流程表，各专业工序均按此流程进行施工，严禁违反施工程序的做法。

（3）交叉节点施工。在管井、管廊、设备机房等部位各专业间管线纷杂、交叉叠错，如事先不进行有效的协调，容易产生相互干扰和影响的情况，造成工程的整体施工的进度或质量上的问题。因此，对交叉点处的施工，事先进行机电管线的空间布置上的协调，绘制出机电综合管线施工图，在综合图的基础上进行支吊架的协调。在机电管线支吊架已充分协调好的基础上，开始进行机电管线的施工水平区域的流水施工，在保证不影响后续工序的前提下，各专业可在不同的区域进行同时施工，以缩短工期。采取以上措施，即可保证不出现影响工程施工进度和质量的问题，并且在工程观感上有很好的效果。

（4）安装专业之间的配合。由于该工程有众多的安装专业分包，因此施工中认真负责地按图施工，及时发现图纸设计中的问题并报监理工程师和设计院解决，并与各安装专业分包队伍及时沟通，搞好技术交底，避免无法整改的施工错误发生。对于施工中的安装交叉问题，本着"电让水、水让风、有压让无压、小让大"的施工原则，在施工前，组织各专业对管线密集区进行二次设计并画出布置图，提前发现和解决施工交叉问题，防止出现碰到交叉问题才来想办法处理的被动局面。设备联动试车前，认真详细地编写包括各专业在内的联动试车方案，明确各方职责，制定配合措施，统一指挥，确保调试及联动试车工作万无一失。

（5）装饰工程施工前，安装各专业要求完成大部分施工任务，并完成管道试压、风管漏风量测试和电气绝缘测试等部分调试工作，安装各专业内部验收和监理工程师隐蔽验收完毕。灯具、风口、报警探头、广播音响等需与装饰配合施工。对于灯具、风口、报警探头、广播音响的安装，装饰吊顶施工前安装与装饰专业工程师应积极配合，再次核定其在装饰图纸上的位置、预留尺寸和加固方式，并且在施工中协助装饰搞好测量定位工作。在与装饰配合施工期间，每天都应对安装施工人员进行成品保护教育，并制定详细的成品保护措施，以避免对装饰成品造成污染和任何损坏。

（6）工作面移交管理办法。工作面移交全部采用书面形式由双方签字认可，由下道工序作业人员和成品保护负责人同时签字确认，并保存工序交接书面材料，下道工序作业人员对防止成品的污染、损坏或丢失负直接责任，成品保护专人对成品保护负监督、检查责任。

（7）施工期间，各工种交叉频繁，对于成品和半成品，通常容易出现二次污染、损坏和丢失，工程装修材料一旦出现污染、损坏或丢失，势必影响工程进展，增加额外费用。因此，装修施工阶段成品（半成品）的保护至关重要，同时也是工序协调工作的重点之一。

第五节　施工现场环保措施

为实施环境管理体系的全部要求，将做好以下方面的工作：

1．施工噪声排放控制

（略）

2．防止扰民措施

（略）

3．施工扬尘控制

（略）

4．水污染的控制

（略）

5．固体废弃物的控制

（略）

6．光污染的控制

（略）

7．现场环保措施

（略）

第六节　工地动火、用电措施

由于该工程作为一座集商场、机动车停车库、高档写字楼为一体的综合性建筑，是集暖通空调系统、给排水系统、电气系统、火灾自动报警系统、楼宇自动控制系统、综合布线系统及保安监控系统等多种弱电系统于一身的 5A 级智能化大厦，体现了现代建筑的技术先进性，功能较为复杂，系统设置齐全，且业主指定分包较多（如消防、弱电、电梯、发电机组等），因此给现场动火用电安全管理带来诸多不便。为此，加强现场动火、用电安全管理势在必行，特制定如下措施：（略）。

第七节　工程交验后服务措施

严格按《建设工程质量管理条例》和《房屋建设质量保修办法》等规定执行工程的保修，并结合相关要求，做好竣工后的服务工作，定期回访用户，并按承诺实行工程保修服务。

从工程交付之日起，工程保修工作随即展开。在保修期间，将依据保修合同，本着为用户服务、对业主负责、让用户满意的认真态度，以有效的制度、措施作保证，以优质、迅速的维修服务维护用户的利益。

1．保修期限与承诺

（略）

2．定期回访制度

（略）

3．保修责任

（略）

4．保修记录

维修工作完毕后，维修人员要认真填写"建筑工程回访单"并做好维修记录。

第十章　与业主、监理单位、设计单位、总包单位等的协调计划

现场的协调配合包括与业主、监理单位、设计单位、总包单位、业主指定的其他分包方及政府管理部门之间的配合，配合工作主要表现在技术、进度、质量、安全、文明施工等方面。

第一节　与业主、监理单位的协调配合

以"业主至上"的服务理念对队伍进行管理，一切为了业主。积极组织队伍参加业主、监理单位组织的例会，讨论解决施工过程中出现的各种矛盾及问题，理顺每一阶段的关系；

从施工角度及以往的施工经验来为业主当一个好的参谋，实现业主以最少的投入产生最好的效果；在施工中为业主着想，满足业主提出的各种合理的要求；完全接受业主代表及现场监理对机电安装工程的合理建议及其指导，从而建立起融洽的关系。施工过程中，对队伍的施工人员、进场材料、施工质量、生产要素的动态进行控制并及时汇报给业主及监理单位。

严格遵守现场"八个不得"的管理规定，即设计图纸不经交底和会审不得施工；机电安装人员资质不经监理单位审查不得进场施工；施工组织设计或方案未经监理审批不得用于施工；施工人员未经施工技术交底不得从事施工；材料设备及构配件未报验审签不得在工程中使用；上道工序质量未经监理工程师认可不得进行下道工序；每月定期向现场监理工程师提交进度计划表及实物完成工程量，不得索取工程款项；未经总监理工程师认可不得进行工程竣工验收。

第二节　与设计单位的协调配合

在施工过程中，尊重设计人员的意图，与设计单位友好协作，以获得设计方的大力支持，共同商讨有关工艺，将施工图纸深化设计的内容及时与设计单位进行沟通与协商，为保证工程的功能、安全、经济，共同为业主服务，保证工程能符合设计意图及国家有关规范、规定的质量要求。

随时向设计单位通报工程的进展情况，向设计单位介绍采用的施工工艺及效果；在每个分部（分项）工程施工前提交设计方有关的施工方案或作业指导书，并听取设计方的意见；交换对设计内容的意见，以达到最佳效果。

与设计单位的联系过程中，本着谦虚、谨慎、学习的态度，不损害业主利益的原则，重大问题由业主和监理单位出面协调。

第三节　与总包单位的配合协调

与总包单位的配合工作主要表现在技术、进度、质量、安全、文明施工等方面，而这些工作可通过日常例会、专题讨论会形式开展，确保信息交流通畅，问题解决及时。

（1）技术管理。充分理解设计意图，对施工图进行自审，及时参加或要求总承包组织的图纸会审；参加或要求总承包组织土建、安装、装饰与其他专业分包商对图纸进行深化设计，绘制安装综合施工图并报审；编制有关施工方案并报审；邀请总承包对安装技术资料的管理进行指导；接受其检查监督。

（2）进度管理。在规定的时间提出机电安装工程的进度计划。机电安装工程的进度计划以不影响关键线路为原则，必须确保总控目标；按时参加并接受总承包对安装进度情况检查，将检查结果与初期计划进行对比，并对结果进行分析，制定相应的纠偏措施上报总承包并遵照实施。在机电安装工程调试阶段，成立专职交工消项工作小组，积极配合总承包进行竣工消项验收工作。

（3）质量管理。就机电安装工程的施工质量对总承包负责，总承包就整个工程的质量对业主负责。在施工过程中定期向总承包报送有关质量报表等资料，以便总承包随时掌握安装工程的施工状态；接受总承包对安装工程施工质量的监督检查，对检查发现的问题及时整改，保障施工质量时刻处于受控状态。

（4）安全生产。进场接受总承包商安全教育，在总承包商监督下做好对安装职工的三级安全教育；接受总承包商对工程特殊部位的交底；遵守总承包商各项有关安全生产管理规定；按时上报安全生产报表、资料；正确使用总承包提供的各种安全设施；按照总承包商要求配置安装施工相应的安全设施（包括防火设施）；接受总承包商的检查监督。

（5）文明施工。遵守总承包商关于文明施工的管理规定，严禁野蛮施工；采取有效措施减少扰民现象，加强环境保护；按规划要求设置半成品加工车间和材料堆场；做好对工序产品、最终产品及他人产品的保护工作。

（6）其他。制订设备材料进场计划，大型设备、大宗材料进场应提前通知总承包商，与总承包商共同制订运输路线与堆场；接受总承包商对机电安装工程设备材料的检查验收。

第四节　与政府管理部门的配合协调

在施工过程中，对自己所从事的与该工程相关的任何行为负责。在总包单位的统一指挥下，按照有关的文件组织施工，办理与工程相关的各种手续。

外界影响因素很多，与卫生防疫、市政道路、消防中心、劳动环保等政府机构和单位积极沟通与配合，取得政府及相关部门机构的支持，为保证施工生产的正常进行创造良好的外部环境。

（1）在施工前协助业主进行图纸送审和合同审核，施工前办理有关消防工程施工许可证。

（2）积极与质量检测部门保持联系，在工程进展过程中每一节点主动邀请质检站进行中间验收及现场指导，配合土建及其他施工单位做好竣工检测及验收工作。

第十一章　机电总承包管理

机电施工总承包管理在时间上涵盖了从建设项目开工至竣工交付使用及保修服务的所有机电工程施工过程，在范围上涵盖参与项目机电各施工方及一切有关的管理活动。机电施工总承包商必须做好对包括业主指定分包商在内的各分包商的统一协调、管理；另一方面，做好总承包管理，提高对业主的服务水平，为业主分忧，也是总承包商的重要宗旨。

第一节　机电总承包管理模式特点

该工程机电分包项目部代总承包负责机电总承包管理，将该项目所有与进度、质量、安全文明施工有关的所有机电合作方责任交由总承包承担。采用合理、高效的一体化管理模式能保证工程始终有条不紊地进行，同时会有效地缩短工期，降低工程成本，减少各分包的协调工作量。该工程中，这种一体化管理模式的责任主体明确、单一，管理思路连贯，便于有效协调，能充分保证每个施工阶段和施工环节高度衔接，有利于整体工程工期、质量目标的实现。通过总承包管理充分发挥各方优势，做好项目施工的全面保障工作，完善总包管理体系，对项目的工期协调、资源调配、管理流程等作出明确的规定，避免因管理的失误导致工期的延误。为了在工程建设工程中能够全方位、全过程地为该工程服务，承担起总包管理责任，全面实现在协调组织、工程合同、质量、进度、安全及文明施工等各方面对业主的承诺。

第二节　工程特点及分包商构成

该工程有如下特点：

（1）该工程工程量大、工期紧、质量要求高。

（2）该工程主要设备安装集中在地下1层，同时有人防工程，安装作业面大，管理协调难度大。

（3）机电管线整体比较密集，施工工序要求更合理，成品保护难度大。

（4）业主指定机电专业分包还未确定，后续配合及工序衔接存在问题。

（5）作为综合型工程，除一般机电设备外，还有大量的商场、办公楼专业设备安装。

（6）业主专业分包较多，机电主要分包专业为电梯、弱电、消防、专业设备厂家。

第三节　机电总承包管理措施

总承包项目部的管理范围为总承包标段内机电所有专业及业主指定的分包质量、进度、安全及文明施工、组织协调工作，以及与业主、监理、设计等单位的对接工作。

1．总承包进度计划管理措施

配备计划工程师负责进度管理，督促各分包按总体工程进度计划完成相应工作。

（1）进度计划的编制。编制总体工程进度计划，报总承包、监理审批。总体工程进度计划审批完成后，编制各单体工程进度计划，并报总承包、监理审批。

（2）里程碑节点的控制。根据总进度计划设置里程碑控制节点，向有关分包进行交底。每个控制节点都有实际且紧迫的目标，以形象进度为主要控制点，辅以其他分目标。每个控制节点完成后，对控制点完成情况进行分析，并提出相应的纠偏措施。

（3）对分包的计划协调。在总体进度计划与各单体工程进度计划审批确定后，督促各分包按总体进度计划要求编制月、周计划，并汇整各分包完成月、周计划。定期组织召开进度协调会，及时分析、协调、平衡和调整工程进度，严格要求各分包按总承包方要求的时间移交工作面给下一个施工单位。

（4）总承包方的提示与预警。根据总体进度要求提示发包方需采购的材料、设备进场计划和数量，与业主的指定供应商协调材料、设备的发货、到场验收，并协助其分发给各分包。对各分包的各项资源（机械、设备、材料、人力等）投入进行详细的检查、统计，在每日报告中一同报监理备案。发现各分包的投入不能满足工程进度要求时，及时查明原因，向分包发出预警通知，并采取相应的积极措施予以调整，确保总工期如期完成。

（5）进度纠偏。持续不断地采取计划、执行、检查、纠偏的动态进度控制。协调延误关键工序进度的分包安排纠偏措施并监控其执行。

（6）工程报表和报告。按时提交并督促各分包提交工程日报表、周工作报表、月工作报表，并报送给业主、监理。报表和报告的形式应是书面的，包括文本、照片等。当业主、监理需要时，随时提供此方面的信息。

2．技术管理

（1）图纸交底会审。进场后明确辅助设计的内容和主要负责人，在此基础上组织自身和分包有关工程技术人员认真学习、研读图纸，及时收集图纸疑问、技术问题和优化意见，汇总后提前转给监理单位，以便设计为图纸交底会审做好相应的技术准备。在业主的组织下，协助其图纸会审和设计交底会议的组织工作。

（2）图纸管理。该工程深化设计工作均由机电总承包负责，总承包范围内的深化设计包括综合管线布置、管道井、管廊管线布置、预留预埋等。编制图纸发放计划，根据工程需要按时发放。分包（含指定分包）施工所需工程施工图及变更图由总承包方统一发放，并做好台账。图纸应及时下发，发放后新图必须做显著标记，旧图纸及时标记作废。做好自身图纸保密工作，未经业主允许，不在该工程范围之外利用该工程各阶段的设计图纸、技术资料和有关专利，并遵守业主对某些图纸资料提出的特殊保密要求。

（3）方案报审。在进场后一周内呈报施工组织设计，并制订自身及各专业分包工程专项施工方案报审计划，根据工程进度及时进行编制。施工方案一经同意，则严格遵照执行。如因故需变更施工方案，至少提前3天呈报新方案，并履行审核、审批程序后方可实施。建立施工方案调整变更索引表，明确变更的有关内容、章节、变更人、日期及批准单号，并备注说明。

（4）技术交底：

1）落实技术交底工作。技术交底依据专项施工方案和设计内容进行，针对工序的操作和质量控制，具有可行性和可操作性。

2）建立三级交底制度。现场责任工程师负责监督分包按技术交底进行施工，使总分包间的相互影响降至最低。

3．工程质量管理

机电项目部负责对整个安装工程的质量进行巡视、检查及验收。

（1）质量管理保证体系。该工程的质量目标是获"鲁班奖"，机电总承包质量部门制订专门的质量保障措施和创优计划，并结合地方标准建立一套完善的质量管理组织体系和质量管理工作程序。对施工全过程的工程质量进行全面的管理与控制，同时使质量保证体系延伸到各分包，项目质量目标通过对各分包严谨的管理予以实现。

（2）质量例会。由总承包项目部组织定期召开质量例会，对现场进行检查，对出现的质量问题协调各分包按要求整改。

（3）质量月报。每月向业主、监理提交工程质量月报。当出现重大工程质量问题时，及时提交专题报告。

（4）施工工艺样板化。进场后通过树立工程标杆明确项目质量要求，对于管道、桥架、配管、插座面板、空调机房等都要实行样板化施工，须总承包、监理、业主共同验收合格后，方可进行大面积施工。样板施工严格执行既定的施工方案，检验考核施工方案是否具有可操作性及针对性，对照成品质量，总结既定施工方案的应用效果，并根据实施情况、施工图纸、实际条件（现场条件、操作队伍的素质、质量目标、工期进度），预见施工中将要发生的问题，完善施工方案。施工样板待总承包方、监理、业主共同验收合格后，方可进行大面积施工。

（5）持证上岗。保证该工程所有管理人员及操作人员经过业务知识技能培训。对于特殊工种，如电工焊工等必须有上岗证才可进场作业，如现场发现有非专业工种人员进行非本岗位工作，将其逐出现场，并对责任单位进行处理。

（6）工序挂牌施工。工序样板验收在各工序全面开始之前进行，组织相关人员根据规范规定、评定标准、工艺要求等将项目质量控制标准写在牌子上，并注明施工负责人、班组、日期。牌子要挂在施工醒目部位，有利于每一名操作工人掌握和理解所施工项目的标准，也便于管理者进行监督检查。

（7）过程"三检"。要求各分包方、施工班组对每道工序执行自检、互检、专检制度，关键工序分级经总承包方和监理检查放行，否则不得进行下道工序施工。做好并督促各分包做好齐全的自检文字记录，预检及隐蔽工程检查文字记录。

（8）工程质量事故处理。建立一套事故处理程序，用以处理工程质量事故。工程质量事故发生后，查明质量事故原因和责任，提出质量事故处理意见，报监理、业主并督促和检查事故处理方案的实施。

（9）工程验收。负责组织各项工程验收，包括隐蔽工程验收、分部分项工程（中间）验收等。每一个分部、分项、工序施工完成后，负责督促相关班组或分包需严格进行自检。验收前上报验收申请表，同时附相关施工记录及质量证明文件。自检合格后通知监理进行正式验收，验收后请参加验收的人员签字确认。验收资料表格除应满足档案馆的要求外，还必须准备一套现场联合验收表格，对相关单位参加验收的情况、验收内容等进行详细记录。

参 考 文 献

[1] 温永华，韩国平. 施工组织. 南昌：江西科学技术出版社，2010.

[2] 韩鹰飞，刘景军，余锋. 机电安装工程项目管理. 武汉：华中科技大学出版社，2013.

[3] 周国恩，周兆银. 建筑工程施工组织设计. 重庆：重庆大学出版社，2011.

[4] 王安德，杨春. 工程施工组织与管理. 武汉：中国地质大学出版社，2009.

[5] 余群舟，宋协清. 建筑工程施工组织与管理. 2版. 北京：北京大学出版社，2012.